U0058271

ムラヨシマサユキ

極品果醬與鹹味常備醬

前言

「果醬」可以簡單的以砂糖燉煮食材一言而概之。

只要稍微注意一下店家的商品架，

隨時可買到各式各樣的多樣化商品，

然而卻偏偏沒有我想要的那個口味，

我想要的是裝滿當季素材並封存美味的那一瓶。

打開瓶蓋瞬間瀰漫的水果芳香，

濃縮了食材滋味的果醬，

送入口中令人不禁瞠目驚豔的鮮明強烈感受，

是手工製作專利。

善用這個方法可以煮出保有水果應有鮮美度的果醬。

為了鎖住食材的風味與香氣，保留住原有的

鮮豔色澤、滋味，把熬煮時間縮短成 3～5 分鐘，

是非常重要的關鍵。

過去，我在店裡負責熬煮果醬，每天每天都必須處理

各式各樣不同的水果與蔬菜，於是從主廚和前輩身上，

學習到了非常多善待食材的方法。

開始在家煮果醬後，更累積了如何享受在家煮果醬的訣竅與

新發現，加上原有的知識與經驗，我的製作方法與時俱進，

最終匯聚集結而成這本食譜。

這本書將針對在春夏秋冬

醞釀出美味果醬的方法，做完整的介紹。

我希望消弭剛開始學習製作果醬人們的煩惱，

例如：出乎意料、鮮為人知，卻適合製作果醬食材的挑選方法；

熬煮果醬過程中，持續變化的狀態，

及果醬完成時間點的判斷等，盡量透過詳細的照片一一細說。

為了避免製作果醬的失敗，

建議您在製作時最好邊確認本書內容。

如果每每在季節轉換之際，都能讓您拿出這本書，

讀它千遍也不厭倦，將會是多麼雀躍歡欣。

來吧！和我一起，為果醬的美好滋味，滿意的笑。

ムラヨシマサユキ

目次

2 前言

5 製作果醬的基本
・煮沸果醬瓶
・製作果醬
・果醬裝瓶

8 關於道具

9 關於材料

27 果醬製作Q&A

春天的果醬

10 草莓果醬
14 完整果粒小草莓醬
16 杏桃醬
18 藍莓醬
20 奇異果醬
22 櫻桃醬
24 黃梅醬

夏天的果醬

28 夏威夷風百香果奶油醬
32 芒果醬
34 水蜜桃醬
36 鳳梨醬
38 無花果醬
40 洋李醬
42 大黃醬

手工製作真美味 鹹味常備調味料

44 開心果美乃滋
46 菇菇醬
46 番茄醬

秋天的果醬

48 栗子醬
52 花生奶油醬
54 南瓜醬
56 香蕉醬
・活用香蕉醬
57 ・巧克力香蕉醬
58 紅柿醬

冬天的果醬

60 柑橘果醬
・活用柑橘果醬
63 ・葡萄柚果醬
64 橘子醬
・檸檬果醬
66 檸檬凝乳
68 紅玉蘋果醬
70 牛奶醬
・活用牛奶醬
・薰衣草牛奶
71 ・榛果焦糖牛奶

果醬美味活用法

72 白豆沙醬
74 顆粒紅豆醬
76 果醬美味活用法
・做成三明治
・做成雪酪
・做成沙拉醬
・做成酸甜醋拌料理

樂玩果醬

78 樂玩果醬
78 將做好的果醬填裝成兩層
・檸檬凝乳+柑橘果醬
・草莓醬+香蕉醬
・栗子醬+藍莓醬
・杏桃醬+牛奶醬
79 為做好的果醬添香
・紅玉蘋果醬+紅茶
・鳳梨醬+甜羅勒
・奇異果醬+百里香
・無花果醬+肉桂

［本書的注意事項］
・以g（公克）標記的材料請務必以電子秤秤重。
・1小匙為5ml，1大匙為15ml。
・果醬的保存期限，是將果醬填裝入已煮沸消毒完成的保存瓶內，並完成煮沸排出空氣的狀態為前提。取用時請務必使用乾淨的湯匙等，一旦開瓶後未享用完的果醬，請保存於冷藏室，並趁早食用完畢。
・本書使用電烤箱。烤箱請先預加熱至設定溫度再使用。此外，由於烤箱品牌等不同，可能影響烘烤結果，因此熟悉您的烤箱特性非常重要。

煮沸果醬瓶

為了讓果醬的美味能更為持久，保存瓶的準備工作不可或缺。
煮沸消毒以避免細菌繁殖，保持在清潔狀態，非常重要。

煮沸消毒的作法

1 於鍋中放入保存瓶與瓶蓋，加水至淹過的高度。以中火加熱至沸騰，再續煮1分鐘左右。

※保存瓶與瓶蓋必須先以中性洗潔劑洗淨。

※保存瓶可直放或橫放。但務必調整水量確保瓶身完全浸泡在水中。橫放時須小心瓶中是否有殘留空氣。

2 將保存瓶口朝下後，以夾子取出。

※小心不要在瓶中仍有熱水狀態夾起瓶子。傾斜瓶身時可能引起熱水噴濺而出，造成燙傷。

3 將保存瓶瓶口朝上放置，以餘溫自然晾乾。

※若朝下放置晾乾可能導致瓶中聚集蒸氣而無法全乾。

製作果醬的基本

從開始製作前的準備，到最後裝瓶為止。

將告訴您果醬製作不可忽略的重點，以及將果醬保存在安全且好吃狀態的訣竅。

為了果醬製作過程的順暢，請務必在動手前先閱讀此篇。

製作果醬

水果必定存在個別差異，如大小、熟成度等。由於每個都不同，
所以更要一一確認料理時必須掌握的重點。

[要除去浮渣]

浮渣雖也是美味構成要素之一，但若不清除可能造成果醬混濁，並成為發霉的原因之一。只要一煮沸，浮渣便會集中到鍋子的中央，所以要一一清除。浮渣的多寡依水果種類而不同，但含果皮者通常量會較多。

[一定要秤重]

果醬裡需添加的細砂糖量，請先將水果除去蒂頭及果皮、種籽等後，秤出其淨重再決定。 如果不量秤水果與糖分的重量，只隨便拌在一起，那麼不僅風味無法穩定，也無法在短時間內熬煮完成。

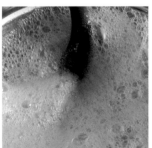

[不時確認狀態]

一旦煮沸就會有細微的泡沫浮上表面。

這個狀態下用耐熱橡皮刮刀稍微攪拌，泡沫會下沉並趨穩定，才開始出現大泡沫。

[要釋出水分]

煮果醬時必須要具備水分。然而若添加水分，不僅會降低水果的風味，更會延長熬煮時間，成為失去鮮美香氣的一大原因。在水果上撒糖使其出水，再熬煮這釋出的水分，有助於在短時間內熬煮完成，且扎實地凝聚封存其香氣與美好滋味。

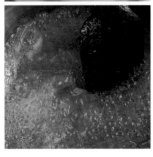

再進一步熬煮，便會因糖度的提升而增加黏稠度，並呈現光澤感。原本以帕帕聲較清脆聲音破裂的泡沫，轉為較低沉、帶黏度狀態破裂，即是完成的信號。

[要清理鍋邊]

加熱過程中鍋邊難免會附著果醬噴濺的汁液，可使用耐熱橡皮刮刀或沾了水的刷子等清理乾淨。若繼續在沾黏的狀態下熬煮，則可能造成這些部分燒焦，而使味道滲入果醬當中。

果醬裝瓶

果醬並非煮完就結束了，裝瓶作業也不可大意。
趁熱快手裝瓶、排出空氣並進行消毒，有助於保存在最佳狀態。

[倒置果醬瓶]

果醬裝瓶後請確實將瓶蓋拴緊，並倒置直到放涼為止。倒置時除可消毒瓶蓋外，還有幫忙排出多餘空氣的效果。

煮沸排氣的作法

即使非常小心操作，仍不免會沾染異物。在果醬裝瓶後煮沸，除了可將造成發霉原因的瓶內空氣確實排出外，也能同時消毒瓶身外側。

1 在鍋中放入已填裝果醬的保存瓶，並加水至蓋過整個瓶蓋高度後，開始以中火加熱。待沸騰後轉偏強的小火，讓熱水表面維持稍微飄動的沸騰狀態，持續加熱20分鐘。

2 用夾子將保存瓶夾出，並朝上放置。以此狀態利用餘溫使其自然風乾。

※建議盡量自然風乾為佳，若想直接擦拭水分，則建議使用乾淨的餐巾紙。

[裝瓶]

果醬一旦涼了黏性會提高，所以必須趁熱舀入。而且溫度降低後就難以在瓶中形成壓力，無法排出多餘的空氣。

將果醬填裝滿保存瓶，因為一旦有多餘空氣填入，便容易成為腐敗或發霉誘因，無法在常溫狀態下保存。

瓶口周圍若沾黏上果醬，請務必以乾淨的餐巾紙擦拭清除。若以擦拭布清除，則可能導致附著細菌。此外，操作時由於瓶身相當燙，請務必戴上工作棉手套等再拿取。

在此介紹本書所使用的料理道具。基本上一般家庭平常使用的道具即相當夠用了，可參考在此介紹的大小與用途等。

鍋具

使用直徑20cm高10cm的鍋子。材質選用耐酸性且耐大火的不鏽鋼鍋或琺瑯鍋。但琺瑯鍋因為蓄熱性高，即使熄火後仍會因其餘溫而繼續加熱，因此最推薦使用不鏽鋼材質。鑄鐵、鐵氟龍等樹脂加工的材質，則會因大火加熱而損及鍋身，請勿使用。此外，內部具有各種顏色的鍋子，在製作過程中將無法確認食材的色調，因此並不適用。

電子秤

為成功製作果醬，秤量材料是否精確至關重要。水果及蔬菜等單個的差異性相當大，因此請務必使用至少以1g為單位的秤。

橡皮刮刀

因為會在加熱時使用，因此請選用耐熱攝氏200度以上者為佳。握柄與刮板處一體成形的刮刀無接縫，才不致卡進水果材料等，可常保清潔狀態。

料理鋼盆

選用直徑20～24cm。在拌合水果與調味料時不會滿溢出的尺寸為佳。請選用耐酸材質，如不鏽鋼、玻璃、琺瑯等。

浮渣濾網

使用直徑約7cm的濾網。網目過大可能會連水果一起撈起，選用較小的濾網較輕便好用。

直立電動攪拌棒

用來絞碎水果等。水分較多者使用攪拌棒，水分較少者使用食物調理機，依食材特質區隔使用。

刨絲刀

比起雙刃型，有把手的刨刀使用上較方便。因為用於削下柑橘類的皮，因此亦可用較細的磨泥器取代。

保存瓶

主要使用100ml大小的保存瓶。太大的保存瓶容易在吃完前就膩了，或者產生衛生上的疑慮，因此2～3次便能食用完畢的尺寸為佳。

湯勺

橫向的尖嘴湯杓在將果醬裝瓶時最方便。若無引流嘴則不易填裝果醬，一旦流溢出將可能造成燙傷。

量匙

用來舀取煮好的果醬並將其急速降溫，以確認熬煮狀態。因為要用於滾燙的鍋中，因此選用握柄較長的量匙可避免燙傷，較安心。

關於砂糖（細砂糖）

本書中使用的砂糖，基本上是選用製作甜點的細砂糖。由於顆粒相當細緻，因此在讓水果及蔬菜等釋出水分時，能細密地裹上包覆整體食材。此外，由於不帶任何特殊風味與色澤，可以製作出帶透明感的不甜膩果醬，不破壞食材原有的風味。也可使用非製作甜點用的細砂糖，但釋出水分時恐怕需要比製作甜點專用的細砂糖來得費時，請務必留意。若無細砂糖亦可改用上白糖替代，但請減少1～2成的分量。上白糖比細砂糖來得甜膩，因此若以相同分量製作，恐怕會感覺過於厚重。

關於材料

砂糖與酒類能襯托主要的食材，扮演提襯映照的重要角色。

只要明瞭選用的理由，果醬的製作將會變得樂趣十足。

關於酒類

酒的種類雖然在各配方中已明確說明，但若使用特別偏好的酒類、或手邊現有的材料亦可。基本上只會殘留些許酒類的風味，不會以酒類為主。在熬煮的過程中酒精將會揮發掉，因此孩童也可安心食用。此外，在熬煮水果與蔬菜時，因為加了酒，所以可以加速浮沫形成的時間。本書中所介紹的果醬熬煮時間都非常短，所以運用酒的效果，才能更有效率的除去浮沫，避免雜味的形成。

其他的糖類

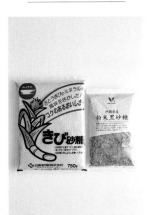

· 黑糖
· 蔗糖
· 三溫糖

只添加一點點就可帶來非常豐醇的風味。但是因為這些砂糖本身的存在感太強烈，因此並不適合用來替代細砂糖。成品的色澤將會變深，或者其甜度可能殘留在口中不散。此外，這些糖較容易產生浮渣，必須不停的撈除，也會影響果醬最後完成的分量。

· 蜂蜜
· 楓糖漿

由於不影響果醬的成色，因此想添加香氣與層次感時會是大功臣。請在水果及蔬菜酸度太強，或風味不足時添加。

春天的果醬

果肉的水嫩甘甜與酸味調整地恰到好處，相得益彰。
剛做好時，清爽風雅的美味不在話下，
稍事放置後帶著圓潤、沉靜的風味更是絕美。

草莓果醬

不管是製作當下或品嚐時，
酸甜香氣瀰漫滿屋，
不知不覺便沉浸於笑顏中。
既是經典又是眾人最熱愛的口味，
手工製作的濃郁風味
令人不禁感動不已。
請務必親身感受在口中
綻放而出的新鮮口感。

■挑選方法

待熟成後才採收的草莓會連表面的點點顆粒（果實）都呈現紅色，滋味也顯濃郁。連果肉內部都呈深厚色澤的品種，製成果醬後也會顯得相當紅艷。此外，有碰撞瑕疵及已經發黑的草莓會影響整體風味，因此應避免使用。

[材料] 100ml保存瓶4～5瓶的分量

草莓 … 350g（淨重300g）

細砂糖 … 210g（草莓重量〈淨重〉的70%）

檸檬汁 … 15g

櫻桃白蘭地 Kirsch … 30g
（若手邊沒有，可使用您所偏好的洋酒）
※請依草莓的酸度調整檸檬汁的分量。

保存參考

煮沸排氣後，可於陰暗處保存約6個月。
開封後冷藏保存約10天。

[1]

請以大量清水輕柔清洗草莓。

※與其直接沖水清洗，讓草莓浮沉於水中輕柔清洗較不易傷其表皮，也較容易洗去絨毛與髒汙。

[2]

以餐巾紙包裹擦拭。

※請盡量小心勿碰撞表皮，輕柔地拭去水分。

[3]

拔掉蒂頭，並切除蒂頭側白色部分。

※如果有較硬口感不佳處，以及部分損傷處也一併切除。

[4]

切成3mm薄片。

※先切薄片有助於撒上細砂糖後能均勻釋出水分。

[8]

覆蓋上保鮮膜，於室溫中放置3小時至釋出水分。

※若放置超過指定時間可能導致過度出水，請注意。

[5]

將步驟[4]倒入料理鋼盆，取300g使用。

※秤量已除去蒂頭與多餘部分後的重量（淨重），以調整細砂糖的分量。

[6]

於步驟[5]中加入細砂糖、檸檬汁、櫻桃白蘭地。

[9]

將步驟[8]倒入鍋中，再以直立式電動攪拌棒打碎8成左右的果肉。

※與其將所有果肉絞碎，殘留部分果肉感較美味。

[7]

以橡皮刮刀從鋼盆底部翻起拌勻。

※由於細砂糖容易沉澱於底部，因此要從底部將細砂糖翻起，攪拌均勻讓細砂糖完全包覆草莓。

[12]

取1/2大匙左右的步驟
[11]。先將量匙底部浸
入冰水10秒，再將整
個量匙沒入冰水中，透
過急速冷卻的過程確認
果醬熬煮程度。果醬若
不會馬上溶散於水中即
完成。趁熱裝瓶。

※若將果醬整個浸入冰水
中即溶散掉時，需再以大
火熬煮1～2分鐘。

[10]

以大火加熱，一口氣煮
至沸騰再撈去浮渣。

※溫度一口氣提高至沸騰
可避免水果香氣流失，成
色也較鮮艷。煮沸後氣泡
會向上滿溢而出，請小心
泡沫溢出鍋外。

※撈除浮渣可杜絕雜味，
讓風味更爽口。

[11]

以耐熱橡皮刮刀不時攪
拌，熬煮4～5分鐘後
熄火。

※泡沫會漸漸穩定變少，
並出現黏性。加熱過程要
小心鍋底燒焦，持續攪拌。

■挑選方法

小草莓的色澤與風味難免參差不齊，但不需太在意。只要確實確認包含容器底部的所有草莓有無損傷。

[1]

請以大量清水輕柔清洗草莓。以餐巾紙包裹擦拭。切除蒂頭後放入料理鋼盆。

※若有較硬、口感不佳或部分損傷處，請一併切除。

[2]

秤量步驟[1]，準備300g使用。加入細砂糖、白色蘭姆酒，並以橡皮刮刀從鋼盆底部翻起拌勻。

※必須確實秤量去除蒂頭等多餘部分後的淨重，以調整細砂糖的用量。

※由於細砂糖容易沉澱於鋼盆底部，因此要從底部將細砂糖翻起，攪拌均勻讓細砂糖完全包覆草莓。

完整果粒小草莓醬

春天尾聲時盛產的實惠小草莓，適合整顆直接做成果醬享用。足以充分感受噗滋噗滋、爆裂般的顆粒與多汁感的一款果醬。

[材料]

100ml保存瓶4瓶的分量

草莓（2～3cm大小）
　…350g（淨重300g）

細砂糖…210g
（草莓重量〈淨重〉的70%）

白色蘭姆酒（White Rum）
　…30g（若手邊沒有，可使用您所偏好的洋酒）

保存參考

煮沸排氣後，可於陰暗處保存約6個月。開封後冷藏保存約10天。

[5]

以耐熱橡皮刮刀不時攪拌，熬煮4～5分鐘後熄火。

※泡沫會漸漸穩定變少，並出現黏性。加熱過程要小心鍋底燒焦，持續攪拌。

[3]

覆蓋上保鮮膜，於室溫中放置6小時至出水。

※為了讓整顆草莓出水因此需耗費較長的時間。但若放置超過指定時間可能導致過度出水，請注意。

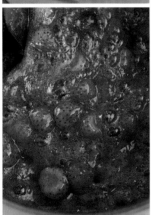
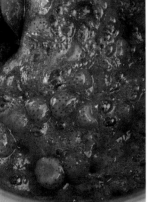

[4]

將步驟[3]以大火加熱，一口氣煮至沸騰再撈去浮渣。

※溫度一口氣提高至沸騰可避免水果香氣流失，成色也較鮮艷。煮沸後氣泡會向上滿溢而出，請小心泡沫溢出鍋外。

※撈除浮渣可杜絕雜味，讓風味更爽口。

[6]

取1/2大匙左右的步驟[5]。先將量匙底部浸入冰水10秒，再將整個量匙沒入冰水中，透過急速冷卻的過程確認果醬熬煮程度。果醬若不馬上溶散於水中即完成。趁熱裝瓶。

※若將果醬整個沒入冰水中即溶散掉時，需再以大火熬煮1～2分鐘。

■挑選方法

請選用蒂頭側渾圓突起，果實整體稍微透著紅潤色澤，可生食者。完全熟成後表皮會偏紅，香氣與風味都會更為豐厚。用來加工的杏桃通常酸度較高，且表皮較不紅，請選較黃者使用。

[1]

請以大量清水清洗杏桃，以餐巾紙包裹擦拭。對切後取出中央的籽。

請切除較堅硬或損傷部分。

[2]

將果肉切成1cm丁狀，請秤量400g使用。

※秤量時請以已切除籽與蒂頭狀態為準（淨重），並調整細砂糖分量。

[3]

取4顆籽，請以鉗子等夾破，取出其中的杏桃仁並去除表皮薄膜。

[材料] 100ml保存瓶5～6瓶的分量

杏桃 … 5～6大顆（淨重400g）

細砂糖 … 280g
（杏桃重量〈淨重〉的70%）

檸檬汁 … 15～30g

杏仁甜酒Amaretto … 30g
（若手邊沒有，可使用您所偏好的洋酒）

香草莢 … 1/3根

※請依杏桃的酸度調整檸檬汁用量。

保存參考

煮沸排氣後，可於陰暗處保存約6個月。開封後冷藏保存約10天。

杏桃醬

酸甜滋味中點綴入香甜奢侈的香草香氣。讓整體風味更上一層樓的杏桃仁，添加過多會凸顯出苦味，因此加入4顆左右最恰到好處。

[8]

煮至沸騰後撈去浮渣。

※溫度一口氣提高至沸騰可避免水果香氣流失，成色也較鮮艷。煮沸後氣泡會向上滿溢而出，請小心泡沫溢出鍋外。

※撈除浮渣可杜絕雜味，讓風味更爽口。

[4]

於料理鋼盆中放入杏桃果肉、細砂糖、檸檬汁、杏仁甜酒，並以橡皮刮刀從鋼盆底部翻起拌勻。

※由於細砂糖容易沉澱於鋼盆底部，因此要從底部將細砂糖翻起，攪拌均勻讓細砂糖完全包覆杏桃。

[9]

以耐熱橡皮刮刀不時攪拌，熬煮2～3分鐘後熄火。

※泡沫會漸漸穩定變少，並出現黏性。加熱過程要小心鍋底燒焦，持續攪拌。

[5]

覆蓋上保鮮膜，於室溫中放置6小時至出水。

※由於加工用杏桃出水需耗費較長的時間，可能須放置8～10小時。

※若放置超過指定時間可能導致過度出水，請注意。

[6]

將步驟[5]倒入鍋中，再以直立式電動攪拌棒打碎一半左右的果肉。

※與其將所有果肉絞碎，殘留部分果肉感較美味。

[10]

取1/2大匙左右的步驟[9]。先將量匙底部浸入冰水10秒，再將整個量匙沒入冰水中，透過急速冷卻的過程確認果醬熬煮程度。果醬若不馬上溶散於水中即完成。趁熱裝瓶。

※若將果醬整個沒入冰水中即溶散掉時，需再以大火熬煮1～2分鐘。

[7]

縱切香草莢並將豆莢翻開。以大火加熱步驟[6]，煮開後加入香草莢與杏桃仁。

■挑選方法

請確認表皮是否有皺褶及果肉是否受到擠壓。製作果醬時希望盡量選用新鮮的果實，請挑選五星狀花萼處未呈現枯萎或塌陷的果實。

[1]

請以大量清水清洗藍莓，以餐巾紙包裹擦拭。於料理鋼盆中加入藍莓、細砂糖、檸檬汁、香橙干邑甜酒，並以橡皮刮刀從鋼盆底部翻起拌勻。

※由於細砂糖容易沉澱於鋼盆底部，因此要從底部將細砂糖翻起，完全包覆藍莓。

[2]

請使用壓泥器或叉子將藍莓表皮壓至碎裂。

※藍莓表皮壓至碎裂將有助於細砂糖滲入其中，可加速出水速度。

[材料] 100ml 保存瓶 4 ～ 5 瓶的分量

藍莓 … 300g

細砂糖 … 210g

（藍莓重量〈淨重〉的 70%）

檸檬汁 … 15g

香橙干邑甜酒 Grand Marnier

… 30g（若手邊沒有，可使用您所偏好的洋酒）

※請依藍莓的酸度調整檸檬汁用量。

[3]

覆蓋上保鮮膜，於室溫中放置 30 分鐘至出水。

※若放置超過指定時間可能導致過度出水，請注意。

保存參考

煮沸排氣後，可於陰暗處保存約 6 個月。開封後冷藏保存約 10 天。

藍莓醬

簡單樸實的酸甜滋味，與帶著奢華絢麗香氣的洋酒再適合不過。藍莓含有較其他水果更豐富的果膠，因此熬煮時要在仍有水份的狀態下即熄火，以免濃縮凝結成偏硬的口感。

[6]

取1/2大匙左右的步驟
[5]。先將量匙底部浸
入冰水10秒，再將整
個量匙沒入冰水中，透
過急速冷卻的過程確認
果醬熬煮程度。果醬若
不馬上溶散於水中即完
成。趁熱裝瓶。

※若將果醬整個沒入冰水
中即溶散掉時，需再以大
火熬煮1～2分鐘。

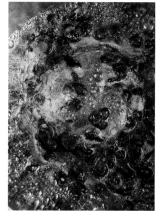

[4]

將步驟[3]倒入鍋中以
大火一口氣加熱至沸騰
後撈除浮沫。

※溫度一口氣提高至沸騰
可避免水果香氣流失，成
色也較鮮艷。煮沸後氣泡
會向上滿溢而出，請小心
泡沫溢出鍋外。

※由於連皮熬煮因此浮沫
較多，需要不停撈取。撈
除浮渣可杜絕雜味，讓風
味更爽口。

[5]

以耐熱橡皮刮刀不時攪
拌，熬煮3～4分鐘後
熄火。

※泡沫會漸漸穩定變少，
並出現黏性。加熱過程要
小心鍋底燒焦，持續攪拌。

■挑選方法

相較於細長的果實（照片左），橫向圓胖的圓筒形（照片右）的果實由於生長於離枝幹較近的位置，吸收到較多的營養，因此甜度較高。已熟成的果實只要以手握住兩端即可感受到稍帶軟度的彈性。

[1]

將奇異果蒂頭處繞一圈切除後，稍微扭轉即可轉下梗的芯。

※梗的芯不會因燉煮而變軟，因此若不除去將會影響整體口感。

[2]

削皮後切成1cm大小的丁狀，秤量400g使用。

※切丁狀可加速撒上細砂糖後釋出水分的速度。

※請秤量除去果皮等多餘部分後的狀態（淨重），並調整細砂糖的用量。

[3]

於料理鋼盆中加入奇異果、細砂糖、檸檬汁、白色蘭姆酒，並以橡皮刮刀從鋼盆底部翻起拌勻。

※由於細砂糖容易沉澱於鋼盆底部，因此要從底部將細砂糖翻起，攪拌均勻讓細砂糖完全包覆奇異果。

奇異果醬

若能刻意留下大塊果肉攪拌，可讓成品成色顯得更為鮮艷迷人。不論佐優格或冰淇淋，奇異果籽噗滋噗滋的顆粒口感，都會是美味加分的最佳點綴。

[材料]

100ml保存瓶5～6瓶的分量

奇異果 … 4～5顆（淨重400g）

細砂糖 … 280g
（奇異果重量〈淨重〉的70%）

檸檬汁 … 15g

白色蘭姆酒（White Rum）… 30g
（若手邊沒有，可使用您所偏好的洋酒）

※請依奇異果的酸度調整檸檬汁用量。

保存參考

煮沸排氣後，可於陰暗處保存約6個月。開封後冷藏保存約10天。

[6]

以耐熱橡皮刮刀不時攪拌，熬煮2～3分鐘後熄火。

※泡沫會漸漸穩定變少，並出現黏性。加熱過程要小心鍋底燒焦，持續攪拌。

[4]

覆蓋上保鮮膜，於室溫中放置3小時至出水。

※若放置超過指定時間可能導致過度出水，請注意。

[7]

以直立式電動攪拌棒稍微攪碎果肉。

※與其全部打碎，在果醬中稍微殘留口感較好吃。

[5]

將步驟[4]倒入鍋中以大火一口氣加熱至沸騰後撈除浮沫。

※溫度一口氣提高至沸騰可避免水果香氣流失，成色也較鮮艷。煮沸後氣泡會向上滿溢而出，請小心泡沫溢出鍋外。

※撈除浮渣可杜絕雜味，讓風味更爽口。

[8]

取1/2大匙左右的步驟[7]。先將量匙底部浸入冰水10秒，再將整個量匙沒入冰水中，透過急速冷卻的過程確認果醬熬煮程度。果醬若不馬上溶散於水中即完成。趁熱裝瓶。

※若將果醬整個沒入冰水中即溶散掉時，需再以大火熬煮1～2分鐘。

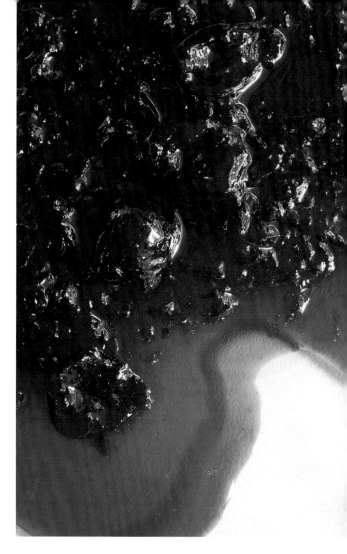

■挑選方法

請選用櫻桃果梗周圍顯得飽滿圓潤的果實。不圓潤的櫻桃可能果肉少但籽卻很大。

[1]

請以大量清水清洗櫻桃，以餐巾紙包裹擦拭。摘去果梗後縱切一圈，左右扭開即可分為兩半。

※從櫻桃表皮的凹陷紋路處切入會很好切。

[2]

利用竹籤將籽取出。

※如果籽未黏在果肉上，可以不使用竹籤直接用手指挑除。

若有櫻桃去籽器可以在除去櫻桃籽後，用手或用刀將櫻桃分成兩半。

[3]

秤量步驟[2]並取300g使用。於料理鋼盆中放入櫻桃、細砂糖、檸檬汁、櫻桃白蘭地，若手邊有肉桂棒亦可加入。

※請秤量除去果梗、籽等多餘部分後的狀態（淨重），並調整細砂糖的用量。

櫻桃醬

風味濃郁，一旦熬煮即可凸顯特色的櫻桃，是製作果醬的首選。

與肉桂這種特質強烈的香料更是天作之合。

請保留住稍大塊的果肉，充分享用果粒的口感。

[材料]100ml保存瓶4～5瓶的分量

美國櫻桃 … 約1盒（淨重300g）

細砂糖 … 210g
（櫻桃重量〈淨重〉的70%）

檸檬汁 … 15g

櫻桃白蘭地Kirsch … 20g
（若手邊沒有，可使用您所偏好的洋酒）

※請依櫻桃的酸度調整檸檬汁用量。

保存參考

煮沸排氣後，可於陰暗處保存約6個月。開封後冷藏保存約10天。

[7]

放回肉桂棒,再以大火一口氣加熱至沸騰後,撈除浮沫。

※溫度一口氣提高至沸騰可避免水果香氣流失,成色也較鮮艷。煮沸後氣泡會向上滿溢而出,請小心泡沫溢出鍋外。

※撈除浮渣可杜絕雜味,讓風味更爽口。

[8]

以耐熱橡皮刮刀不時攪拌,熬煮4～5分鐘後熄火。

※泡沫會漸漸穩定變少,並出現黏性。加熱過程要小心鍋底燒焦,持續攪拌。

[9]

取1/2大匙左右的步驟[8]。先將量匙底部浸入冰水10秒,再將整個量匙沒入冰水中,透過急速冷卻的過程確認果醬熬煮程度。果醬若不馬上溶散於水中即完成。趁熱裝瓶。

※若將果醬整個沒入冰水中即溶散掉時,需再以大火熬煮1～2分鐘。

[4]

以橡皮刮刀從鋼盆底部翻起拌勻。

※由於細砂糖容易沉澱於鋼盆底部,因此要從底部將細砂糖翻起,攪拌均勻讓細砂糖完全包覆櫻桃。

[5]

覆蓋上保鮮膜,於室溫中放置4～5小時至出水。

※由於連皮釋出水分可能需耗費較長的時間。此外,美國櫻桃出水量較少,若放置超過指定時間可能變成果乾般的口感,請注意。

[6]

若加入了肉桂棒請在此階段先取出。將櫻桃放入鍋中再以直立式電動攪拌棒打碎一半左右的果肉。

※與其將所有果肉絞碎,殘留部分果肉感較美味。

黃梅醬

可同時享受到芬芳迷人香氣、與令人精神為之一振，強烈酸度的這款果醬，是季節限定口味，其他時節無法製作。是春季降臨的贈禮。利用蜂蜜增添柔和的甜度，並可抑制梅子迸出的強烈酸味，營造出和諧可人的美好風味。

[1]

以竹籤挑去梅子的蒂頭。

※果肉摸起來較軟者，可切半確認內部未變茶褐色即可使用。

[2]

將步驟[1]浸泡入大量水中，放置6小時去澀。

[3]

濾掉步驟[2]的水後再沖水清洗，清洗過後放回鍋內，注入覆蓋過梅子的水量，並蓋上鍋蓋以中火加熱。沸騰後轉小火煮3分鐘，中途若有浮渣請一一撈除。

[4]

將步驟[3]倒入濾網濾掉水分並放涼。

■挑選方法

請選用充沛日照下種植，且完全熟成後才摘取的果實，帶著紅潤色澤。此外，外型圓潤飽滿的果實最佳。

[材料] 100ml保存瓶4～5瓶的分量

南高梅（完全熟成者）⋯ 500g（淨重300g）
細砂糖 ⋯ 200g（梅子重量〈淨重〉的65%）
白色蘭姆酒（White Rum）⋯ 30g
（若手邊沒有，可使用您所偏好的洋酒）
蜂蜜 ⋯ 50g

保存參考

煮沸排氣後，可於陰暗處保存約6個月。
開封後冷藏保存約10天。

[8]

以大火一口氣加熱至沸騰後撈除浮沫。

※溫度一口氣提高至沸騰可避免水果香氣流失，成色也較鮮艷。煮沸後氣泡會向上滿溢而出，請小心泡沫溢出鍋外。

※撈除浮渣可杜絕雜味，讓風味更爽口。

[5]

將步驟[4]一顆顆以手壓碎，去除籽後秤量300g使用。

※請秤量除去蒂頭及籽等多餘部分後的狀態（淨重），並調整細砂糖的用量。

※熬煮過後的梅子籽較易與果肉分離。

[9]

以耐熱橡皮刮刀不時攪拌，熬煮2～3分鐘後熄火。

※泡沫會漸漸穩定變少，並出現黏性。加熱過程要小心鍋底燒焦，持續攪拌。

※若在步驟[5]階段未完全壓碎果肉，可在熬煮過後再以直立式電動攪拌棒攪打到理想的狀態。

[6]

將步驟[5]放入鍋中，加入細砂糖、白色蘭姆酒、蜂蜜。

[10]

取1/2大匙左右的步驟[9]。先將量匙底部浸入冰水10秒，再將整個量匙沒入冰水中，透過急速冷卻的過程確認果醬熬煮程度。果醬若不馬上溶散於水中即完成。趁熱裝瓶。

※若將果醬整個沒入冰水中即溶散掉時，需再以大火熬煮1～2分鐘。

[7]

以橡皮刮刀從鋼盆底部翻起拌勻，並在室溫下放置15分鐘使其風味融合。

※由於細砂糖容易沉澱於鋼盆底部，因此要從底部將細砂糖翻起，攪拌均勻讓細砂糖完全包覆梅子。

不論關於材料或製作方法等任何簡單的疑問，都為您詳盡解惑。只要完全理解果醬的美味所在，製作樂趣肯定倍增！

Q 果醬裝瓶後
一定要煮沸排出空氣嗎？

如果打算在一周內食用完畢，則不需煮沸排出空氣。

Q 為什麼無法煮出
美麗的色澤？

原因是：煮過頭。萬一鍋子太小，則氣泡會一口氣冒起並溢出鍋外，無法以大火持續熬煮。如此一來便會拉長熬煮的時間，因此鍋子的大小請掌握在直徑20cm，高10cm為準。此外，食材的量以不超過鍋子1/3高度，也是一大重點。否則需要花更長的時間煮至沸騰，這也會使色澤因此變得黯沉。

Q 冷凍水果也能運用
相同方法製作嗎？

水果只要經過冷凍＆解凍過程，風味難免劣於新鮮者。雖然也能做成果醬，但請巧妙運用增添香氣的洋酒或香草、香料等，彌補掩蓋其不足處。

Q 除了保存瓶外，可否使用
食品用的保存容器或夾鏈袋等？

如果僅用來冷藏保存，並將在二周內食用完畢，可使用保存容器或保存夾鏈袋等。但與空氣接觸的面越多，越容易酸敗，風味與色澤也難免降低，請務必注意。若使用保存容器，請在果醬表面緊貼上平整貼合的保鮮膜；若使用保存夾鏈袋，請盡可能將空氣排出。

Q 不需使用製作甜點用的
果膠（粉末／添加物）嗎？

依照本書中的配方製作，則可依靠水果本身蘊含的果膠自然凝結。

Q 果醬萬一發霉怎麼辦？

不管是開封前或開封後，果醬只要發霉都請勿食用。

Q 細砂糖等糖分
可以減量嗎？

若想依個人喜好減少糖份，最多可減少水果或蔬菜二成的重量以內。例如使用淨重300g水果70%的細砂糖時（210g），最多可減量至水果50%的分量（即150g）。萬一減量至低於水果或蔬菜重量（淨重）的50%以下，不僅無法在短時間內熬煮完成，也會降低果醬的保存性，請務必注意。換句話說，減少細砂糖的量，勢必拉長熬煮的時間，否則果醬不夠濃稠，結果最後煮出的糖度與減糖前的糖度還是相去不遠。此外，一旦拉長熬煮時間，果醬的色澤與風味都會大打折扣，水分也相對減少，煮好的量會減少許多。

Q 可將細砂糖
換成其他糖類嗎？

若要將細砂糖改為上白糖、三溫糖、蔗糖、蜂蜜或楓糖漿等製作，果醬的風味會變得相當濃厚甜膩，因此建議減少砂糖約水果或蔬菜的1～2成程度的分量。例如使用淨重300g水果70%的細砂糖時（210g），若以其他糖類替換，則最好減至水果的50～60%（即150g～180g）。此外，上述糖類與細砂糖的分子結構並不相同，因此即使減少使用量，也無法做出細砂糖般清爽口感的果醬。再者，糖類的色澤會影響果醬成品，糖的顏色較深，使水果與蔬菜的色澤顯得黯沉。

Q 果醬若不夠濃稠，
又或者過於濃稠時應該怎麼辦？

如果煮好後感覺濃稠度不足，可以大火續煮1分鐘看看，視狀況慢慢增加。反之，若過於濃稠，可適量加點水（或者檸檬汁、洋酒）。一旦曾經煮過頭的果醬，水果的香氣會減弱，並殘留黏膩的口感及甜膩的餘味等。

夏天的果醬

在充沛日光照射下，盡情成長的鮮嫩果實經過熬煮後，濃密的甘美與夏天的香氣將會充滿整個口中，齒頰留香。唯有透過手工製作才能品嚐到的美好滋味，正是最奢華難得的饗宴。

夏威夷風 百香果奶油醬

沉穩濃郁的甘甜滋味與清爽宜人酸味，所譜出的旋律巧妙至極，只消淺嘗一口，一顆心即被這個美好滋味瞬間緊緊擄獲。加熱百香果若時間拖得太長，將使得香味盡失，因此稍事沸騰即足夠。

[1]

從刀尖切入百香果，橫切成兩半。

※由於百香果的表皮又硬又滑，非常不易切開，因此請務必以刀尖刺入後切開。

[2]

料理鋼盆架上萬用過濾網篩，使用量匙挖取出百香果的果肉與籽。

[3]

以橡皮刮刀壓榨出百香果汁。

■挑選方法

熟成百香果的表皮會呈皺褶狀態。百香果非常酸，因此請選用熟成的百香果，風味較足且甜度更高。

[材料] 100ml保存瓶4～5瓶的分量

百香果 … 約5顆（果汁淨重90g）

蛋黃 … 3個

細砂糖 … 120g

奶油（無鹽）… 100g

荔枝香甜酒DITA … 15g
（若手邊沒有，可使用您所偏好的洋酒）

保存參考

冷藏2～3週。開封後3～4天。

※由於原料中使用了蛋，因此應連著保存瓶一併急速冷卻再保存，以避免細菌的孳生。

[8]

繼續攪拌至泛白為止。

[4]

留取一半的籽備用。

※籽若全部放入會影響口感，因此除去一半的籽。

[9]

於鍋中加入90g的百香果汁，並加入預留的百香果籽，將奶油捏成3～4塊分別加入。加入剩下的細砂糖與荔枝香甜酒，以偏弱的中火加熱。

[5]

秤量果汁並保留90g使用。

※果汁若不足90g可以檸檬汁補足。

[10]

使用耐熱橡皮刮刀，邊攪拌邊融化奶油與細砂糖。煮沸後稍待片刻即可熄火。

※奶油一定要在煮沸前融化完成。若先達到煮沸狀態則會影響之後的水分。

[6]

另取一料理鋼盆，放入蛋黃並以網狀攪拌器打散。

[11]

以網狀攪拌器邊攪拌步驟[8]，邊緩緩倒入少許步驟[10]，並攪拌均勻。

[7]

於步驟[6]中加入1/2分量的細砂糖並拌勻。

[15]

以放涼後以餐巾紙擦乾。

※為避免細菌附著，因此請以乾淨的餐巾紙擦拭。

※不需煮沸排空氣。

[12]

將步驟[11]倒回鍋中並插上溫度計，以偏弱的中火加熱。使用耐熱橡皮刮刀不停攪拌加熱至達攝氏80度為止。

[13]

將步驟[12]倒入料理鋼盆，並趁熱裝瓶。

※若放置在鍋中直接裝瓶，會因鍋子的餘溫而持續加熱。因此必須先倒在鋼盆中，才能確保果醬保持在最佳狀態。

[14]

整瓶放入冰水中急速降溫。

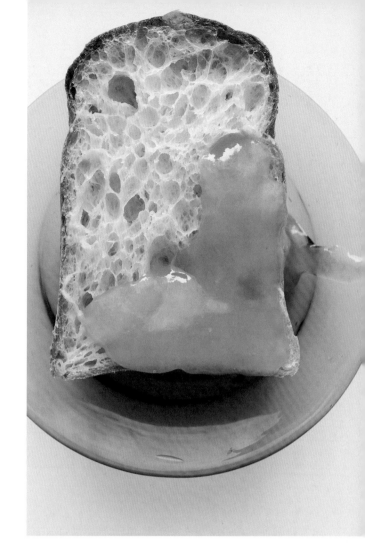

墨西哥產的芒果最適合用
來製作果醬。纖維少且果
肉軟嫩，處理上很方便。
而菲律賓產的芒果由於果
肉較少，所以需要的顆數
比墨西哥產的芒果來的
多，成本也會變高。風味
較佳的蘋果芒果纖維較硬
也多，若使用蘋果芒果，
建議與墨西哥芒果併用為
佳。挑選時，請選擇下方
色澤偏黃者，熟度比偏綠
的芒果更適合。

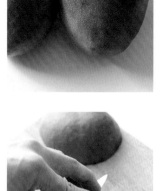

[1]

請沿著芒果籽縱切成
三片。

[2]

不含籽的兩片請在果肉
畫上2×3cm大小的格
子狀，並以量匙挖入料
理鋼盆中。

※切小塊有助於之後撒上
細砂糖時，水分可以均勻
的釋出。

[3]

中間有籽的部分先將皮
削去，再順著籽把果肉
切下。一併放入步驟
[2]中。

※蘋果芒果等籽周圍的纖
維較粗的品種，不使用較
硬的果肉，請挑除。

[材料]100ml保存瓶5～6瓶的分量
芒果 … 1～2顆（淨重400g）
細砂糖 … 280g
（芒果重量〈淨重〉的70%）
檸檬汁 … 30g
椰子蘭姆酒Malibu … 30g
（若手邊沒有，可使用您所偏好的洋酒）
※請依芒果的酸度調整檸檬汁用量。

 保存參考
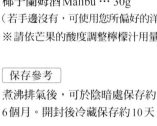
煮沸排氣後，可於陰暗處保存約
6個月。開封後冷藏保存約10天。

芒果醬

有別於新鮮芒果，別具風味。
濃縮南國特有的香氣與甜美，後韻無窮。
芒果在加熱時特別容易燒焦，請留意！

[6]

以大火一口氣加熱至沸騰後撈除浮沫。

※溫度一口氣提高至沸騰，可避免水果香氣流失，成色也較鮮艷。煮沸後氣泡會向上滿溢而出，請小心泡沫溢出鍋外。

※撈除浮渣可杜絕雜味，讓風味更爽口。

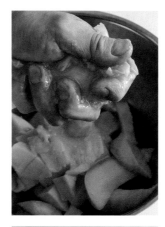

[4]

籽周圍殘留的果肉請以手掌壓擠出果汁，一併加入步驟[2]中。秤量400g果肉與果汁使用。

※請秤量除去皮與籽等多餘部分後的狀態（淨重），並調整細砂糖的用量。

[7]

以耐熱橡皮刮刀不時攪拌，熬煮2～3分鐘後熄火。

※泡沫會漸漸穩定變少，並出現黏性。加熱過程要小心鍋底燒焦，持續攪拌。

[5]

加入細砂糖、檸檬汁、椰子蘭姆酒，以橡皮刮刀從鋼盆底部翻起拌勻。

※由於細砂糖容易沉澱於鋼盆底部，因此要從底部將細砂糖翻起，攪拌均勻讓細砂糖完全包覆芒果。

[8]

以直立式電動攪拌棒，將果肉攪打成泥狀。

※芒果果肉水分多且纖維質也多，因此建議攪打成泥狀。

[9]

取1/2大匙左右的步驟[8]。先將量匙底部浸入冰水10秒，再將整個量匙沒入冰水中，透過急速冷卻的過程確認果醬熬煮程度。果醬若不馬上溶散於水中即完成。趁熱裝瓶。

※若將果醬整個沒入冰水中即溶散掉時，需再以大火熬煮1～2分鐘。

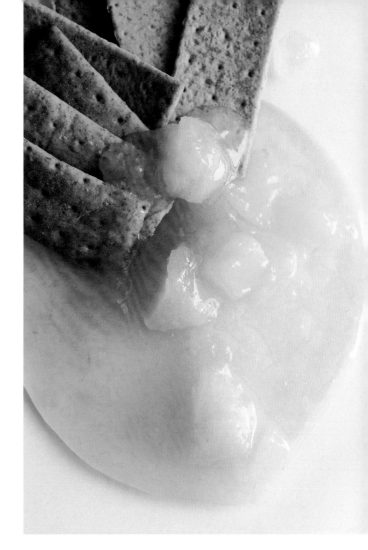

■挑選方法

請挑選底色為黃色而非綠色的水蜜桃，代表較為熟成。此外，水蜜桃上部帶著黑紅色澤，或有著紅色線條般的紋路、形狀較為寬平、香味較濃郁者為佳。

[1]

從水蜜桃底部以刀子切割十字。在鍋中加入大量的水並煮沸，將水蜜桃放入鍋中，水蜜桃皮縮捲起即可取出。

[2]

將水蜜桃放進冰水中即可將皮剝除，剝下的皮請保留備用。

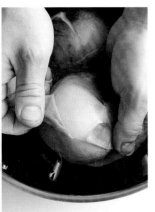

[3]

將果肉切成3～4cm大小丁狀。

※切小塊有助於之後撒上細砂糖，水分可以均勻的釋出。

水蜜桃醬

擠榨出水蜜桃籽周圍的果汁，同時添加香味濃郁的水蜜桃皮，一起熬煮以釋出香氣。由於果肉容易氧化而變色，因此釋出水分時請確實緊密貼上保鮮膜。

[材料]
100ml保存瓶5～6瓶的分量

水蜜桃 … 2～3顆
（淨重400g）

細砂糖 … 300g
（水蜜桃重量〈淨重〉的75%）

白色蘭姆酒（White Rum）
… 30g（若手邊沒有，可使用您所偏好的洋酒）

保存參考

煮沸排氣後，可於陰暗處保存約6個月。開封後冷藏保存約10天。

[8]

將步驟[7]放入鍋中，再以直立式電動攪拌棒打碎一半左右的果肉。

※與其將所有果肉絞碎，殘留部分果肉感較美味。

[4]

籽周圍殘留的果肉請以手掌擠榨出果汁，加入料理鋼盆中。將果肉一併放入料理鋼盆後秤量400g使用。

※請秤量除去皮與籽等多餘部分後的狀態（淨重），並調整細砂糖的用量。

[9]

以大火加熱，一口氣煮至沸騰再撈去浮渣。

※溫度一口氣提高至沸騰可避免水果香氣流失，成色也較鮮艷。煮沸騰後氣泡會向上滿溢而出，請小心泡沫溢出鍋外。

※撈除浮渣可杜絕雜味，讓風味更爽口。

[5]

於步驟[4]中加入細砂糖、白色蘭姆酒，以橡皮刮刀從鋼盆底部翻起拌勻。

※由於細砂糖容易沉澱於鋼盆底部，因此要從底部將細砂糖翻起，攪拌均勻讓細砂糖完全包覆水蜜桃。

[10]

以耐熱橡皮刮刀不時攪拌，熬煮3～4分鐘後熄火。

※泡沫會漸漸穩定變少，並出現黏性。加熱過程要小心鍋底燒焦，持續攪拌。

[6]

將保留備用的水蜜桃皮放到步驟[5]上方，緊密貼上保鮮膜，於室溫中放置2小時至出水。

※若放置超過指定時間可能導致過度出水，請注意。

[11]

取1/2大匙左右的步驟[10]。先將量匙底部浸入冰水10秒，再將整個量匙沒入冰水中，透過急速冷卻的過程確認果醬熬煮程度。果醬若不馬上溶散於水中即完成。趁熱裝瓶。

※若將果醬整個浸入冰水中即溶散掉時，需再以大火熬煮1～2分鐘。

[7]

請取出步驟[6]的水蜜桃皮。

※水蜜桃皮是香味最濃郁的部分，因此加入一起釋出水分可以幫助香氣釋放。但若不取出會影響熬煮時的色澤，所以請在熬煮前挑除。

■挑選方法

請挑選表皮果目較細且大小均一者（照片右），甜度較高。表皮色澤仍呈現綠色者，可將鳳梨倒放 2 ～ 3 天直至轉黃，則甜度會變得更均勻。

稍微按壓底部感覺已經有點陷下的軟度，代表是正甜的品嚐好時機。

[1]

切除厚厚一層鳳梨頭、尾，縱切十字成四等分。

[2]

切除鳳梨芯及厚厚一層鳳梨皮。

[3]

將果肉切成 3mm 厚度，並秤量 400g 使用。

※切小塊有助於之後撒上細砂糖時水分可以均勻的釋出。

※請秤量除去皮與芯等多餘部分後的狀態（淨重），並調整細砂糖的用量。

[材料]

100ml 保存瓶 4 ～ 5 瓶的分量

鳳梨 … 3/4 ～ 1 顆（淨重 400g）

細砂糖 … 280g

（鳳梨重量〈淨重〉的 70%）

檸檬汁 … 30g

椰子蘭姆酒 Malibu … 30g

（若手邊沒有，可使用您所偏好的洋酒）

※請依鳳梨的酸度調整檸檬汁用量。

保存參考

煮沸排氣後，可於陰暗處保存約 6 個月。開封後冷藏保存約 10 天。

鳳梨醬

由於水分相當多，所以確實熬煮是一大重點。

萬一加熱不足會繼續在瓶中出水，變成稀釋的流質狀態。

纖維質扎實的果肉，只要經過確實的攪拌，就會軟化成軟嫩、入口即化的口感。

[6]

將步驟[5]倒入鍋中以大火一口氣加熱至沸騰後撈除浮沫。

※溫度一口氣提高至沸騰可避免水果香氣流失，成色也較鮮艷。煮沸後氣泡會向上滿溢而出，請小心泡沫溢出鍋外。

※鳳梨浮渣較多，請持續撈除。

[7]

以耐熱橡皮刮刀不時攪拌，熬煮3分鐘後熄火。

※泡沫會漸漸穩定變少，並出現黏性。加熱過程要小心鍋底燒焦，持續攪拌。

[8]

以直立式電動攪拌棒打碎8成左右果肉。

※與其全部打碎，在果醬中稍微殘留口感較美味。

[4]

於料理鋼盆加入步驟[3]、細砂糖、檸檬汁、椰子蘭姆酒，以橡皮刮刀從鋼盆底部翻起拌勻。

※由於細砂糖容易沉澱於鋼盆底部，因此要從底部將細砂糖翻起，攪拌均勻讓細砂糖完全包覆鳳梨。

[5]

覆蓋上保鮮膜，於室溫中放置3小時至出水。

※若放置超過指定時間可能導致過度出水，請注意。

[9]

取1/2大匙左右的步驟[8]。先將量匙底部浸入冰水10秒，再將整個量匙沒入冰水中，透過急速冷卻的過程確認果醬熬煮程度。果醬若不馬上溶散於水中即完成。趁熱裝瓶。

※若將果醬整個沒入冰水中即溶散掉時，需再以大火熬煮1～2分鐘。

■挑選方法

請挑選渾圓飽滿，表皮泛紅且富彈性者。底部無花果尾稍微裂開且果肉中央泛紅者代表已熟透。

[1]

請以大量清水輕柔清洗無花果。以餐巾紙包裹擦拭。切除蒂頭及薄薄一片無花果尾。

※因為尾部容易囤積灰塵及髒污，且容易損傷，所以要薄薄切掉。

[2]

將果肉縱切對半，每半邊再切成四等分，秤量400g使用。

※切小塊有助於之後撒上細砂糖時水分可以均勻的釋出。

※請秤量除去蒂頭等多餘部分後的狀態（淨重），並調整細砂糖的用量。

[3]

於料理鋼盆加入步驟[2]、細砂糖、紅酒，大茴香籽先在手掌中捏碎再加入。

先在手掌中捏碎有助於香味釋出。

[材料] 100ml保存瓶5～6瓶的分量

無花果 … 4～5顆（淨重400g）

細砂糖 … 300g
（無花果重量〈淨重〉的75%）

紅葡萄酒 … 30g

大茴香籽 Anise Seed … 1/3 小匙

保存參考

煮沸排氣後，可於陰暗處保存約6個月。開封後冷藏保存約10天。

無花果醬

比起直接品嚐，做成果醬更能凸顯原有的香氣，是款無花果熱愛者也能心滿意足的果醬。添加大茴香籽與紅酒，變身為一道高級迷人的佳餚。

[6]

以大火一口氣加熱至沸騰後撈除浮沫。

※溫度一口氣提高至沸騰可避免水果香氣流失，成色也較鮮艷。煮沸後氣泡會向上滿溢而出，請小心泡沫溢出鍋外。

※由於連皮熬煮因此浮沫較多，需要不停撈取。撈除浮渣可杜絕雜味，讓風味更爽口。

[4]

將步驟[3]覆蓋上保鮮膜，於室溫中放置3小時至出水。

※無花果果肉軟嫩，因此只要直接加入調味料放置即可自動出水。若像其他水果般攪拌，果肉可能會糊爛掉。

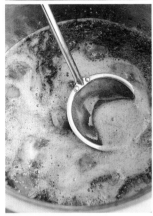

[7]

以耐熱橡皮刮刀不時攪拌，熬煮2～3分鐘後熄火。

※泡沫會漸漸穩定變少，並出現黏性。加熱過程要小心鍋底燒焦，持續攪拌。

[5]

將步驟[4]移入鍋中，再以直立式電動攪拌棒稍微打碎。

※稍微絞碎即可，攪打過頭果肉可能變得糊爛，請注意。

[8]

取1/2大匙左右的步驟[7]。先將量匙底部浸入冰水10秒，再將整個量匙沒入冰水中，透過急速冷卻的過程確認果醬熬煮程度。果醬若不馬上溶散於水中即完成。趁熱裝瓶。

※若將果醬整個沒入冰水中即溶散掉時，需再以大火熬煮1～2分鐘。

■挑選方法

果梗較粗且結實者為熟成
後才摘取的洋李。保有豐
富的營養與甜美度。

［1］

請以大量清水清洗洋
李，以餐巾紙包裹擦
拭。取去果梗縱切一圈
後，左右扭開即可分為
兩半。

［2］

挑出洋李籽。

※洋李籽可能會包裹於果
肉內，或果核碎裂者，請
以指腹按壓確認。

［3］

將步驟［2］再各自切
成四等分，秤量400g
使用。

※切小塊有助於之後撒上
細砂糖時水分可以均勻的
釋出。

※請秤量除去果梗與籽
等多餘部分後的狀態（淨
重），並調整細砂糖的
用量。

洋李醬

連皮一起熬煮，活用洋李皮的效果使果醬色澤更為鮮豔，香氣也更鮮明。

比起剛製作完成狀態，放置約1個月後，酸味與甜度融為一體，更進一步提襯出洋李獨有的魅力，美味加倍。

［材料］100ml保存瓶5～6瓶的分量

洋李（prune）… 8～10顆
（淨重400g）

細砂糖 … 300g
（洋李重量〈淨重〉的75%）

檸檬汁 … 30g

白色蘭姆酒（White Rum）… 30g
（若手邊沒有，可使用您所偏好的
洋酒）

※請依洋李的酸度調整檸檬汁的
分量。

保存參考

煮沸排氣後，可於陰暗處保存約
6個月。開封後冷藏保存約10天。

[6]

將步驟[5]放入鍋中，以大火一口氣加熱至沸騰後撈除浮沫。

※溫度一口氣提高至沸騰可避免水果香氣流失，成色也較鮮艷。煮沸後氣泡會向上滿溢而出，請小心泡沫溢出鍋外。

※撈除浮渣可杜絕雜味，讓風味更爽口。

[4]

於料理鋼盆加入步驟[3]、細砂糖、檸檬汁、白色蘭姆酒，以橡皮刮刀從鋼盆底部翻起拌勻。

※由於細砂糖容易沉澱於鋼盆底部，因此要從底部將細砂糖翻起，攪拌均勻讓細砂糖完全包覆洋李。

[7]

以耐熱橡皮刮刀不時攪拌，熬煮3分鐘後熄火。

※泡沫會漸漸穩定變少，並出現黏性。加熱過程要小心鍋底燒焦，持續攪拌。

[5]

覆蓋上保鮮膜，於室溫中放置3小時至出水。

※若放置超過指定時間可能導致過度出水，請注意。

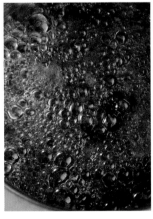

[8]

取1/2大匙左右的步驟[7]。先將量匙底部浸入冰水10秒，再將整個量匙沒入冰水中，透過急速冷卻的過程確認果醬熬煮程度。果醬若不馬上溶散於水中即完成。趁熱裝瓶。

※若將果醬整個沒入冰水中即溶散掉時，需再以大火熬煮1～2分鐘。

■挑選方法

請選用莖較粗厚筆直，切面鮮嫩濕潤不乾燥者。切面色澤帶綠或茶褐色，煮成果醬也會影響成色，建議挑選鮮紅的使用。

[1]

從大黃前端用水果刀切入後，順著紋理將粗纖維薄薄撕下，將根部切除。

[2]

在鍋中加入大黃的皮與粗纖維和根部、紅葡萄酒、細砂糖100g，以中火加熱。

[3]

步驟[2]煮沸稍等一下後，轉小火熬煮3～5分鐘。

※一起熬煮皮、粗纖維與根部可萃取出其鮮豔色澤。

大黃醬

不特別切除厚厚一層表皮與粗纖維，只需稍微薄削除去即可。

無法食用的部分，也絕不浪費，加入砂糖一起熬煮出鮮豔色澤，物盡其用。

大黃特有的獨特酸酸甜甜滋味，讓人一試上癮。

[材料] 100ml保存瓶5～6瓶的分量

大黃 … 4～5顆（淨重400g）

細砂糖 … 300g
（大黃重量〈淨重〉的75%）

紅葡萄酒 … 50g

保存參考

煮沸排氣後，可於陰暗處保存約6個月。開封後冷藏保存約10天。

42

[8]

將步驟[7]倒入鍋中，再以直立式電動攪拌棒打碎一半左右的果肉。

※與其將所有果肉絞碎，殘留部分大黃果肉感較美味。

[4]

將大黃切成1cm厚度，秤量400g使用。

※切小塊有助於之後撒上細砂糖時水分可以均勻的釋出。

※請秤量除去表皮與粗纖維等多餘部分後的狀態（淨重），並調整細砂糖的用量。

[9]

以大火一口氣加熱至沸騰後撈除浮沫。

※溫度一口氣提高至沸騰可避免水果香氣流失，成色也較鮮艷。煮沸後氣泡會向上滿溢而出，請小心泡沫溢出鍋外。

※撈除浮渣可杜絕雜味，讓風味更爽口。

[5]

於料理鋼盆中放入步驟[4]、剩餘的細砂糖，以橡皮刮刀從鋼盆底部翻起拌勻。

※由於細砂糖容易沉澱於鋼盆底部，因此要從底部將細砂糖翻起，攪拌均勻讓細砂糖完全包覆大黃。

[10]

以耐熱橡皮刮刀不時攪拌，熬煮2～3分鐘後熄火。

※泡沫會漸漸穩定變少，並出現黏性。加熱過程要小心鍋底燒焦，持續攪拌。

[6]

將步驟[3]過濾篩出汁液後，加入步驟[5]中。

[11]

取1/2大匙左右的步驟[10]。先將量匙底部浸入冰水10秒，再將整個量匙沒入冰水中，透過急速冷卻的過程確認果醬熬煮程度。果醬若不馬上溶散於水中即完成。趁熱裝瓶。

※若將果醬整個沒入冰水中即溶散掉時，需再以大火熬煮1～2分鐘。

[7]

覆蓋上保鮮膜，於室溫中放置1～2小時至出水。

※若放置超過指定時間可能導致過度出水，請注意。

番茄醬

只要加入水果及帶香氣的蔬菜，就能消彌番茄的青澀味，層次感立現。

依季節不同，有時鳳梨也可用等量的蘋果替代。

此外，添加小黃瓜可以填埔蔬菜與水果間風味的鴻溝，整體感大增。

紅酒醋讓酸味更為鮮明，並補上美麗的鮮紅色也是一大重點。

[材料] 450ml保存瓶2瓶的分量

番茄(完全熟成)… 7～8顆(1kg)

A 洋蔥(切成5mm丁狀)… 80g

　西洋芹(切成5mm丁狀)… 50g

　小黃瓜(切成5mm丁狀)… 1/2根

　鳳梨(切成5mm丁狀)… 100g

　蒜頭… 1瓣

　西洋芹的葉子(切成5mm寬)
　　若有請使用… 4～5片

B 月桂葉… 1片

　紅辣椒(去籽)… 1/2根

　蜂蜜、紅酒醋(或白醋)… 各50g

　鹽… 1又1/2大匙(12g)

　香菜粉… 1/2小匙

[保存參考]

煮沸排氣後，可於陰暗處保存約1年。

開封後冷藏約3～4個月。

※風味完全融合需耗時約1週左右。請放置於陰暗處，等待品嚐時機。

手工製作真美味
常備
調味料

蘊含在各種不同層次中的鮮美度，一般市售商品絕對品嚐不到的獨特美好滋味，特別的一道佳餚。

製作過程遠比想像來得簡單，不妨試試把它收編入家裡的調味料庫存中！

[4]

於步驟[3]中加入A、B，並拌開，以中火加熱。

■挑選方法

通常我們容易以為全紅的番茄才是熟成的，但只有蒂頭附近帶綠色的番茄也是全熟的象徵。有別於未熟前整顆綠色的番茄，這是熟成後才摘取的番茄獨有的特徵。此外，下部尾端帶星形般紋路的番茄也是熟成狀態。

[5]

煮開後撈去浮渣，再轉小火。保留備用的蒂頭與芯朝下加入鍋中。讓整鍋維持在沸騰冒泡狀態的火量，不蓋蓋子燉煮40 ～ 50分鐘收汁。

將蒂頭朝下放入，有助於釋放香氣。

[1]

將番茄蒂頭連芯一併切除。

※蒂頭與芯在熬煮時會加入，請保留備用。

[6]

表面的水變乾、水分減少後即可熄火，取出月桂葉、紅辣椒，並挑出蒂頭與芯。

[2]

在烤盤鋪上烘焙紙，將番茄倒置排列。放入預熱為攝氏230度的烤箱烘烤15分鐘，取出後趁熱用夾子剝去皮。

[7]

倒入果汁機攪打至柔滑程度，裝瓶。

[3]

將番茄連著汁液一起倒入鍋中。

※若番茄還完好尚未軟爛變形，請以橡皮刮刀稍微壓碎。

［材料］100ml保存瓶5～6瓶的分量

多種菇類
（鴻喜菇、舞菇、蘑菇、香菇）
　　…共計300g

A 蒜頭…1瓣

　紅辣椒（去籽）…1根

　月桂葉…1片

　鹽…1小匙

　白蘭地（或其他您所偏好的洋酒）
　　…30g

　橄欖油…50g

保存參考

煮沸排氣後，可於陰暗處保存約1個
月。開封後冷藏保存約1～2週。

菇菇醬

使用數種菇類製作，可讓美味度倍增。
可運用於義大利麵，或拌入食材等，
方便自由自在揮灑活用的萬用功能
是其魅力所在！

［材料］100ml保存瓶5～6瓶的分量

開心果（已去殼）…100g

全蛋…2顆

蒜頭…1瓣

白酒醋（若沒有可以白醋取代）…50g

橄欖油…30g

蜂蜜…10g

鹽…4g

保存參考

冷藏保存約1～2週。開封後約
3～4日。

開心果美乃滋

可品嚐到絢麗馥郁的開心果香氣，
同時也是搭酒啜飲時的良伴。
若使用烘烤過的開心果，
瞬間變身濃郁風味。

[2]

不時以耐熱橡皮刮刀攪拌，收乾菇類釋出的水分持續加熱10～15分鐘。取出紅辣椒與月桂葉。

■挑選方法

請選用鴻喜菇的菌傘裂開者。舞菇、蘑菇請選用表面不潮濕，看起來乾爽者。香菇請選用菌傘厚實，菇柄粗大者。

[3]

將步驟[2]趁熱倒入食物調理機，攪打成泥狀後裝瓶。

[1]

切除鴻喜菇根部。剝開鴻喜菇、舞菇，並將蘑菇縱切對半，香菇切十字成四等分。放入鍋中並加入A，蓋上鍋蓋以稍強的小火加熱。

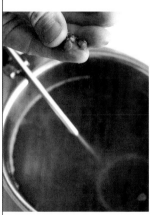

[2]

可以用指尖壓碎的軟度即可取出，過篩濾掉水分。

■挑選方法

因為會影響成品的色澤，因此請挑選已除去薄膜帶深綠色的開心果。若要使用烘焙過的開心果請選用未加鹽者，並去殼。但烘焙過的開心果成色將會是茶褐色而非綠色。

[3]

於果汁機放入步驟[2]與剩餘的所有材料，攪打成泥狀即可裝瓶。

※水分不足可能導致果汁機打不動，無法攪打至柔滑狀態時，請視情況加入30～50g的開水一起攪打。

※不需特別煮沸排出空氣。

[1]

於鍋中燒開水，加入開心果煮至呈現鮮豔綠色即可，約30～40秒。

秋天的果醬

匯集了最適合在食慾之秋品嚐，醇厚、濃郁的美好滋味。
充分運用食材原有的香氣與甘甜滋味的果醬，
是一口又一口滲透心脾、滋潤人心的極致滋味。

栗子醬

用蒸的栗子可以保留住果實中的甘甜與香氣。一旦煮過，栗子本身原有的纖細風味將蕩然無存，因此，盡量選用能封存住食材原有風味的料理方法，另外，添加少量楓糖漿與蘭姆酒等，可提升整體風味，襯托栗子原有的甜美滋味。

[1]

栗子大略洗淨後在大量水中浸泡3小時以上。過篩濾掉水分。

※栗子泡過水後薄膜（澀皮）與果肉較容易分離。

[2]

在開始冒出蒸氣的蒸籠中放入栗子。

[3]

以中火加熱至竹籤可輕鬆插入的軟硬度，約蒸50～60分鐘。熄火後直接放置1小時，慢慢放涼。

※若突然降溫可能會殘留較硬的芯，口感不佳，請注意。

[4]

趁栗子溫熱狀態縱切對半。

※切割時先用刀子從栗子上端劃入切開。放平狀態從側面切開時刀鋒容易滑動，且容易造成內部果肉碎裂。

■挑選方法

請選用較硬實者。用手摸摸看感覺有凹洞的栗子，可能果肉不多而形成內部中空狀態，應避免使用。大小雖不影響風味，但大顆的栗子較好操作。

［材料］450ml保存瓶2瓶的分量

栗子 … 500g（淨重300g）

細砂糖 … 100g（栗子重量〈淨重〉的33%）

楓糖漿 … 50g

蘭姆酒（或其他您所偏好的洋酒）… 20g

保存參考

冷藏約1個月。開封後約1週。

※冷凍可保存至2個月。放入冷凍用保存袋內，攤平並壓出空氣。食用時請移至冷藏室自然解凍。

[5]
用量匙挖出栗子內的果肉，集中到料理鋼盆中。

※挖出果肉時萬一混入澀皮，請務必取出。否則可能會有澀味與苦味。

[6]
秤量300g步驟[5]使用。

※請秤量除去外殼與澀皮等多餘部分後的狀態（淨重），並調整細砂糖的用量。

[7]
將步驟[6]放入料理鋼盆，並加入細砂糖，使用橡皮刮刀壓碎栗子使其融合。

[8]
將栗子餡壓磨至鍋底，確實拌合。

※栗子一旦放涼便不易與細砂糖融合，容易造成結塊，請注意。請在栗子溫熱狀態下進行。

[9]
於步驟[8]中加入楓糖漿、150g的水（分量外），並拌合。

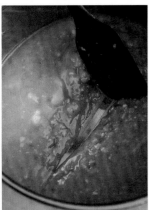

[10]
使用耐熱橡皮刮刀貼著鍋底劃過，若能留下劃過的痕跡並清楚看到鍋底，則可視情況再加入50g的水（分量外）繼續攪拌。

※以橡皮刮刀劃過鍋底的線條，能馬上消失才是最佳狀態。

[11]
以中火持續加熱，並以橡皮刮刀不時攪拌，沸騰後請撈除浮沫。

※若以大火持續沸騰冒泡狀態可能會燒焦，請注意。

※撈除浮渣可杜絕雜味，讓風味更爽口。

[15]

以偏強的小火加熱,使用耐熱橡皮刮刀從底部翻起攪拌,反覆攪拌均勻。當開始沸騰冒泡狀態後稍等一下即可熄火。

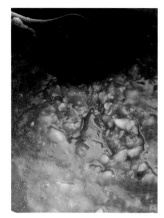

[12]

持續攪拌,並熬煮2〜4分鐘後熄火。

※放涼後濃稠度會變高,因此可以在較稀狀態下即停手。

[16]

趁熱裝瓶。

※由於黏性相當高,因此請以耐熱橡皮刮刀填裝入寬口保存瓶。

※不再另行煮沸排出空氣。

[13]

加入蘭姆酒拌勻。

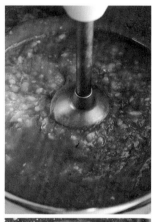

[14]

以直立式電動攪拌棒攪打成泥狀。

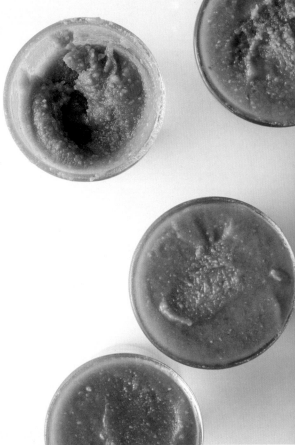

[1]

剝去花生上的薄膜。

※若不好剝除可以先用烤箱烘烤過再剝。

[2]

秤量300g步驟[1]使用。

※請秤量除去外殼與薄膜等多餘部分後的狀態（淨重），並調整楓糖漿的用量。

[3]

於烤盤鋪上烘焙紙，將步驟[2]不重疊攤平於烤盤上。

※攤平時若有若干花生疊在一起可能造成受熱不均，請注意。

花生奶油醬

不過度黏膩，濃郁香醇且富含層次感的風味，讓人瞬間忘記過去品嚐過的任何花生奶油醬。作法相當簡單，花生盛產時節請務必試試！

[材料] 450ml保存瓶2瓶的分量

花生（連殼）… 約500g（淨重300g）

楓糖漿 … 75g
（花生重量〈淨重〉的25%）

奶油（無鹽）… 50g

沙拉油 … 2～3大匙

保存參考

冷藏約1個月。開封後約2週。

※冷凍可保存至2～3個月。放入冷凍用保存袋內攤平並壓出空氣。食用時請移至冷藏室自然解凍。

[4]

將步驟[3]放入已預熱至攝氏160度的烤箱中，烘烤30～40分鐘。

※若連著薄膜烘烤請趁熱剝除薄膜。

[5]

將步驟[4]放入果汁機，把奶油捏成三塊後一併加入。再加入楓糖漿、2大匙沙拉油、60g的水（分量外）。

※一口氣加入3大匙沙拉油可能導致成品感覺相當油膩。所以一開始先加入2大匙攪打，萬一果汁機打不動再追加1大匙。

[6]

打成泥狀後即可裝瓶。

※攪打過程中若果汁機打不動，請暫停，以量匙等調整材料位置以方便攪打。

※由於黏性相當高，因此請以耐熱橡皮刮刀填裝入寬口保存瓶。

※不再另行煮沸排出空氣。

若買不到
帶殼的花生時…

不帶殼花生的薄膜通常貼得很緊不好剝除，因此建議可以連著薄膜一起烤。於預熱至攝氏160度的烤箱中烘烤30～40分鐘，再趁熱剝除薄膜。

■挑選方法

製作果醬時口感鬆軟的南瓜較適合，因此建議選用西洋南瓜。奶油南瓜、Colinky南瓜等適合用來生食，水分較多，因此並不適合。此外，切面若可看到滿滿的南瓜籽代表是品質好的南瓜，若南瓜籽不多代表是在熟成前即採收。用手指從南瓜兩端提起，堅硬的南瓜代表熟成的狀態極佳。

[1]

挖除南瓜籽與瓤，削皮。

※將綠皮部分完全削除，最後成品的色澤才會漂亮。

[2]

秤量300g步驟[1]使用。切成3～4cm丁狀後放入鍋中。

※鍋子請使用南瓜不會重疊在一起，約直徑20cm的尺寸。

※請秤量除去皮與籽等多餘部分後的狀態（淨重），並調整細砂糖的用量。

南瓜醬

鬆軟溫和的甘甜滋味中，添加濃郁的鮮奶油與瀰漫水果香的白蘭地，餘韻繚樑的美好滋味。削去南瓜皮，讓果醬的色澤更加鮮明艷麗。

[材料] 450ml保存瓶2瓶的分量

南瓜 … 約1/4顆（淨重300g）

細砂糖 … 100g
（南瓜重量〈淨重〉的33%）

蔗糖（若手邊沒有可以細砂糖替代）
　… 20g

鮮奶油（乳脂肪成分40%以上）
　… 100g

白蘭地 … 30g

保存參考

冷藏約1個月。
開封後約1週。

※冷凍可保存至2～3個月。放入冷凍用保存袋內攤平並壓出空氣。食用時請移至冷藏室自然解凍。

[3]

於步驟[2]中撒入細砂糖、蔗糖。覆蓋上保鮮膜，於室溫中放置30～40分鐘至出水。

※南瓜個別差異性大，含水量不一，因此確實裹上砂糖釋出水分的程序相當重要。依這個階段的釋出水分程度，再調整步驟[4]加水的分量。

[7]

於步驟[6]後開火，加入鮮奶油並拌勻。

※加入鮮奶油時可以不熄火，以小火邊加熱邊拌入。

[4]

於鍋中加水至淹及南瓜一半高的程度，約50～100g的水（分量外）。

※用少量的水煮南瓜可充分凸顯南瓜風味。

[8]

確實攪拌直至冒出水蒸氣即可加入白蘭地，並攪拌均勻。

[5]

以中火加熱，沸騰後撈除浮渣。蓋上鍋蓋轉小火，熬煮至南瓜變軟，約10分鐘。

※聽到沙沙聲顯示水分已燒乾，即使還不到10分鐘也可以熄火。

[9]

以直立式電動攪拌棒攪打成泥狀。熄火，趁熱裝瓶。

※攪拌過程中果醬會漸漸呈黏稠狀態。

※由於黏性相當高，因此請以耐熱橡皮刮刀填裝入寬口保存瓶。

※不再另行煮沸排出空氣。

[6]

以橡皮刮刀將南瓜輾平壓到鍋底，攪拌至柔滑狀態。

※鍋子在爐火上，還很熱的狀態下壓碎則可以消除蔬菜的生味，風味更佳。若能在這個操作過程把南瓜壓輾到柔滑程度，成品狀態會更好。

■挑選方法

請選用從上到下渾圓粗大，皮薄果肉飽滿，口感滑順的香蕉。喜歡香甜風味的人可以放置到表皮出現黑色斑點後再使用。製作果醬時，比起口感有彈性的台灣香蕉，清爽的菲律賓產或厄瓜多爾產較適合。

[1]

剝除香蕉皮與皮絲後切成5mm厚度圓片。

香蕉芯也要除去。

[2]

秤量240g步驟[1]。放入鍋中，並加入細砂糖、蘋果汁、檸檬汁，再以橡皮刮刀拌勻。

※請秤量除去皮等多餘部分後的狀態（淨重），並調整細砂糖的用量。

[3]

以大火加熱，一口氣煮至沸騰再撈去浮渣。轉成稍弱的中火，以耐熱橡皮刮刀不時攪拌加熱約1分鐘再熄火。

※香蕉浮渣多，必須不停撈除。可杜絕雜味，讓風味更爽口。

※維持在咕嘟咕嘟煮沸冒泡狀態的火量。

[材料]100ml保存瓶4～5瓶的分量

香蕉 … 2根（淨重240g）

細砂糖 … 180g
（香蕉重量〈淨重〉的75%）

蘋果汁（100%純果汁）… 70g

檸檬汁 … 10g

白色蘭姆酒（White Rum）… 15g
（若手邊沒有，可使用您所偏好的洋酒）

保存參考

煮沸排氣後，可於陰暗處保存約6個月。開封後冷藏保存約10天。

香蕉醬

香蕉有別於其他水果，水分含量相當少，因此添加可帶來適當酸味，且能有效預防變色的蘋果汁。做法簡單、快速，令人一試上癮。

活用香蕉醬

巧克力香蕉醬

深受大家喜愛的這個經典組合，即使改成果醬也依然是人間極品！一入口，瞬間環繞幸福泡泡。

[材料＆作法]

100ml保存瓶5～6瓶的分量

作法同香蕉醬步驟[1]～[6]。但步驟[2]中的蘋果汁改為70g的水，步驟[5]中的白色蘭姆酒改為100g甜點專用巧克力（可可含量65%以下），及15g蘭姆酒（亦可以您所偏愛之洋酒替代）。融化巧克力時，以耐熱橡皮刮刀緩慢攪拌均勻。

保存參考

煮沸排氣後，可於陰暗處保存約6個月。開封後冷藏保存約10天。

[4]

將步驟[3]以直立式電動攪拌棒打碎8成左右的果肉。

※攪打時會打入空氣導致香蕉快速氧化，使色澤變得黯沉。所以要迅速攪拌，馬上進行到下一階段。

[5]

趁熱加入白色蘭姆酒，並以耐熱橡皮刮刀慢慢拌勻。

[6]

取1/2大匙的步驟[5]。先將量匙底部浸入冰水10秒，再將整個量匙沒入冰水中，透過急速冷卻的過程確認果醬熬煮程度。果醬若不馬上溶散即完成。趁熱裝瓶。

※若將果醬整個沒入冰水中即溶散掉時，需再以大火熬煮1～2分鐘。

■挑選方法

寬平形的紅柿請選用蒂頭與果實緊貼者。這樣的紅柿代表並非透過追熟,而是在果樹上熟成後才採收。太早採收的紅柿蒂頭會捲起。細長型的柿子無法以蒂頭判斷,請選用表皮帶光澤感的柿子。

[1]

紅柿削皮後切除蒂頭,再縱切成對半。若有籽請挑除,橫切對半後再片成5mm厚度薄片。

※切薄片有助於之後撒上細砂糖時水分可以均勻的釋出。

[2]

秤量250g步驟[1]使用。放入料理鋼盆,再加入細砂糖、50g水(分量外)、檸檬汁、琴酒。

※請秤量除去蒂頭與皮等多餘部分後的狀態(淨重),並調整細砂糖用量。

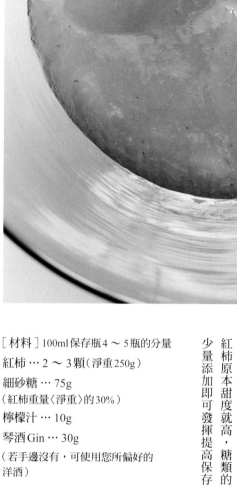

紅柿醬

添加少許的檸檬汁,竟能讓紅柿的甘甜滋味脫穎而出。紅柿原本甜度就高,糖類的添加量本應保守,因此精製度高,少量添加即可發揮提高保存性效果的細砂糖,乃不二選擇。

[材料]100ml保存瓶4～5瓶的分量

紅柿 … 2 ～ 3顆(淨重250g)

細砂糖 … 75g
(紅柿重量〈淨重〉的30%)

檸檬汁 … 10g

琴酒Gin … 30g
(若手邊沒有,可使用您所偏好的洋酒)

保存參考

煮沸排氣後,可冷藏2～3個月。
開封後約10天。

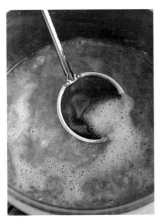

[6]

以大火加熱，一口氣煮至沸騰再撈去浮渣。

※溫度一口氣提高至沸騰可避免水果香氣流失，成色也較鮮艷。煮沸後氣泡會向上滿溢而出，請小心泡沫溢出鍋外。

※撈除浮渣可杜絕雜味，讓風味更爽口。

[3]

以橡皮刮刀從鋼盆底部翻起拌勻。

※由於細砂糖容易沉澱於底部，因此要從底部將細砂糖翻起，攪拌均勻讓細砂糖完全包覆紅柿。

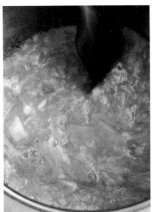

[7]

以耐熱橡皮刮刀不時攪拌，熬煮3～4分鐘後熄火。

※泡沫會漸漸穩定變少，並出現黏性。加熱過程要小心鍋底燒焦，持續攪拌。

[4]

覆蓋上保鮮膜，於室溫中放置3小時至出水。

※若放置超過指定時間可能導致過度出水，請注意。

[5]

將步驟[4]倒入鍋中，再以直立式電動攪拌棒打碎8成左右的果肉。

※與其將所有果肉絞碎，殘留部分果肉感較美味。

[8]

取1/2大匙的步驟[7]。先將量匙底部浸入冰水10秒，再將整個量匙沒入冰水中，透過急速冷卻的過程確認果醬熬煮程度。果醬若不馬上溶散即完成。趁熱裝瓶。

※若將果醬整個浸入冰水中即溶散掉時，需再以大火熬煮1～2分鐘。

冬天的果醬

柑橘、牛奶、紅豆等豐富多樣的陣容，
不消動手，入目瞬間已怦然心動。
在剛出爐、酥脆麵包上厚厚抹一層，咬下一口，
令人笑容不禁滿溢而出的絕妙美味。

柑橘果醬

表皮的微苦與口感，是最佳點綴。

超脫刻板印象，不單單只有香甜感的大人風味版本，建議還可用來取代砂糖，添加入燉煮料理、或照燒等菜餚當中。

此外，只要稍微調整作法，也能改版為葡萄柚或檸檬等柑橘類果醬。

■挑選方法

請選用表皮帶有光澤（右下照片）的柳橙為佳。拿起來特別沉重，且皮薄的柳橙，裡頭包裹著飽滿豐沛的果肉與果汁。

［材料］100ml保存瓶4～5瓶的分量
柳橙…2～3顆（淨重300g）
細砂糖…210g（柳橙重量〈淨重〉的70%）
白色蘭姆酒（White Rum）…20g
（若手邊沒有，可使用您所偏好的洋酒）

保存參考

煮沸排氣後，可於陰暗處保存約6個月。
開封後冷藏保存約10天。

[1]

柳橙皮先以刷子清洗乾淨後，再用餐巾紙擦拭水分。以刨絲刀刮下表皮。

※柳橙的表皮若不刮除在完成後會殘留薄皮的口感。刨絲刀可用磨泥器替代。

※刮下的皮可用保鮮膜包裹，冷凍保存2週。可運用於甜點或沙拉醬。

[2]

將步驟[1]的柳橙上下各切除1～2cm厚度的皮，再從側面順著弧度用水果刀取下果皮，薄膜一併切除。果皮保留備用。

[3]

用水果刀劃入果肉與薄膜間，將柳橙果肉一片片個別取下。取完後的果囊以手掌用力壓榨出果汁。

[4]

果肉切成1cm丁狀。與果汁一併秤量300g使用。

※切小塊有助於之後撒上細砂糖時，水分可以均勻的釋出。

※請秤量除去皮與薄膜等多餘部分後的狀態（淨重），並調整細砂糖的用量。

[9]

將一半的步驟[8]切成2cm長的細絲，剩餘切成細丁。

[5]

秤量90g保留備用的柳橙皮。放入鍋中並加入可蓋過柳橙皮分量的水，開中火加熱。沸騰後再續煮1～2分鐘。

※不要把皮直接加到熱水中，而是從冷水狀態花時間慢慢加熱，比較能夠消除澀味與苦味。

[10]

在料理鋼盆中加入步驟[4]、[9]，再加入細砂糖、白色蘭姆酒，以橡皮刮刀從鋼盆底部翻起拌勻。

※由於細砂糖容易沉澱於底部，因此要從底部將細砂糖翻起，攪拌均勻讓細砂糖完全包覆柳橙皮。

[6]

倒掉步驟[5]後再以冷水清洗。再次將柳橙皮放入鍋中並倒入淹過柳橙皮的水後以中火加熱。沸騰後轉小火續煮5分鐘。

[11]

覆蓋上保鮮膜，於室溫中放置20～30分鐘至出水。

※由於已添加果汁，水分較多，因此請勿放置過久。

※若放置超過指定時間可能導致過度出水，請注意。

[7]

將步驟[6]的柳橙皮一一取出並稍微降溫。確認柳橙皮已經煮軟到可撕開的程度，即可把熱水倒掉，並以冷水清洗。

※依柳橙的品種及個別差異，所帶的苦味與澀味、口感可能不同。水煮雖然可降低苦味，但還是要實際試吃，再調整細砂糖的用量與熬煮的時間。

[8]

用餐巾紙擦拭步驟[7]的水分，並切除柳橙皮上的白囊。

※如果在步驟[7]試吃時感覺苦味不強烈，則不需特別切除。切除白囊可提高果醬完成時的透明感，加入白囊，成品則會顯得較混濁。

活用柑橘果醬

葡萄柚果醬

[材料＆作法] 100ml保存瓶4～5瓶的分量
將柳橙換成1～2顆的葡萄柚（淨重300g），作法同柑橘果醬步驟[1]～[15]。但步驟[5]～[6]之後，還要再加煮1～2次並用冷水清洗。

※葡萄柚皮苦味較強烈，因此需要比柳橙多水煮去苦澀1～2次。

保存參考

煮沸排氣後，可於陰暗處保存約6個月。
開封後冷藏保存約10天。

檸檬果醬

[材料＆作法] 100ml保存瓶4～5瓶的分量
將柳橙換成3～4顆的檸檬（淨重300g），作法同柑橘果醬步驟[1]～[15]。但步驟[5]～[6]的水煮次數改為1次，續煮時間延長為5～6分鐘。此外，步驟[8]不需除去白囊。

※檸檬皮苦味並不強烈，因此只需水煮一次即可。也不需特別除去白囊。

保存參考

煮沸排氣後，可於陰暗處保存約6個月。
開封後冷藏保存約10天。

[12]

將步驟[11]倒入鍋中，再以直立式電動攪拌棒打碎一半左右的果肉。

※與其將所有果肉絞碎，殘留部分果肉與果皮口感較美味。

[13]

以大火加熱，一口氣煮至沸騰再撈去浮渣。

※溫度一口氣提高至沸騰可避免水果香氣流失，成色也較鮮艷。煮沸後氣泡會向上滿溢而出，請小心泡沫溢出鍋外。

※撈除浮渣可杜絕雜味，讓風味更爽口。

[14]

以耐熱橡皮刮刀不時攪拌，加熱至變濃稠且量已濃縮成原有一半左右為止，熬煮約4～5分鐘後熄火。

※泡沫會漸漸穩定變少，並出現黏性。加熱過程要小心鍋底燒焦，持續攪拌。

[15]

取1/2大匙的步驟[14]。先將量匙底部浸入冰水10秒，再將整個量匙沒入冰水中，透過急速冷卻的過程確認果醬熬煮程度。果醬若不馬上溶散於水中即完成。趁熱裝瓶。

※若將果醬整個浸入冰水中即溶散掉時，需再以大火熬煮1～2分鐘。

橘子醬

日本冬天最具代表性的橘子醬，好吃的橘子醬，製作訣竅在於活用橘皮所含的苦味。橘子本身果膠含量並不豐富，因此要確實熬煮收乾水分。

■挑選方法

請避開摸起來蓬鬆，感覺果肉與果皮間有空隙的橘子，因為可能酸度不夠，又或果肉不多。請選用拿起來感覺沉重，表皮帶有光澤的橘子。

[1]

將橘子沖水洗淨，並以餐巾紙擦乾。剝去橘子皮，保留橘絡及薄膜。秤量400g果肉（含橘絡及薄膜）使用。

※加入橘絡及薄膜可提高果醬的濃稠度。

[2]

秤量30g橘皮，並切成細絲。

※加入皮的苦味可讓風味更有整體感。但橘子皮用量太多會過苦，因此不添加超過50g。

[3]

將步驟[1]放入果汁機，攪打至柔滑程度為止。

※橘子果汁含量高，因此直接放入果汁機攪打較有效率。

[材料]100ml保存瓶5～6瓶的分量

橘子 … 4～5顆（淨重400g）

細砂糖 … 200g
（橘子重量〈淨重〉的50%）

白酒 … 15g
（若手邊沒有，可使用您所偏好的洋酒）

保存參考

煮沸排氣後，可於陰暗處保存約6個月。開封後冷藏保存約10天。

[4]

鍋中加入步驟[3]、[2]、細砂糖、白酒，以橡皮刮刀攪拌均勻。

[7]

取1/2大匙的步驟[6]。先將量匙底部浸入冰水10秒，再將整個量匙沒入冰水中，透過急速冷卻的過程確認果醬熬煮程度。果醬若不馬上溶散於水中即完成。趁熱裝瓶。

※若將果醬整個浸入冰水中即溶散掉時，需再以大火熬煮1～2分鐘。

[5]

以大火加熱，一口氣煮至沸騰再撈去浮渣。

※溫度一口氣提高至沸騰可避免水果香氣流失，成色也較鮮艷。煮沸後氣泡會向上滿溢，請小心溢出。

※因為加入橘皮、橘絡等，因此浮渣較多。需要不時撈除。撈除浮渣可杜絕雜味，讓風味更爽口。

[6]

轉偏弱的中火，並以耐熱橡皮刮刀不時攪拌，熬煮約5分鐘後熄火。

※泡沫會漸漸穩定變少，並出現黏性。加熱過程要小心鍋底燒焦，持續攪拌。

■挑選方法

最推薦選用由秋入冬之際,最常在市面上看到,香味濃厚的綠色檸檬。放一段時間會開始轉黃,酸味與香氣也隨之變化,因此取得後請盡快使用。因為是連皮製作,所以請盡量選購國產檸檬。

[1]

檸檬皮先以刷子清洗乾淨後,再用餐巾紙擦拭水分。以刨絲刀刮下檸檬皮並保留備用。

※刨絲刀亦可以磨泥器替代。

[2]

將步驟[1]放置於砧板,並以手掌滾壓。

※滾壓過後檸檬會變軟,有助於擠出更多果汁。

[3]

橫切對半後榨汁。請秤量90～100g果汁備用。

檸檬凝乳

芬芳馥郁的檸檬中加入溫和的蛋與豐厚香醇的奶油,變身為濃郁奢華的滋味。送入口中瞬間瀰漫清爽宜人的酸甜,令人食指大動。請舀一匙搭配麵包或司康享用。

[材料]

100ml保存瓶3～4瓶的分量

檸檬 … 約2顆

(果汁淨重90～100g)

蛋黃 … 3個

細砂糖 … 110g

奶油(無鹽) … 90g

保存參考

冷藏約2～3週。開封後約3～4天。

※由於原料中使用了蛋,因此應連著保存瓶一併急速冷卻再保存,以避免細菌的孳生。

[7]

煮開後稍等一下即可熄火。

※煮太久檸檬的酸味與香氣皆會減弱，所以煮開後稍等一下即可熄火。

[4]

在料理鋼盆中放入蛋黃，並用網狀攪拌器打散。續加入60g細砂糖，攪拌至泛白為止。

[8]

以網狀攪拌器邊攪拌步驟[4]邊慢慢倒入少許步驟[7]，均勻拌合。

[9]

將步驟[8]倒回鍋中並插上溫度計，以偏弱的中火加熱。使用耐熱橡皮刮刀不停攪拌加熱至達攝氏80度為止。

[5]

奶油捏成約四塊後放入鍋中，再加入50g細砂糖、步驟[3]的果汁、保留備用的檸檬皮。

[10]

將步驟[9]倒入料理鋼盆，再趁熱裝瓶。整瓶放入冰水中急速冷卻。放涼後以餐巾紙擦乾。

※若以放置在鍋中的狀態裝瓶，會因鍋子餘溫而持續加熱。因此必須先倒入鋼盆中，才能確保果醬保持在最佳狀態。

※不需煮沸排空氣。

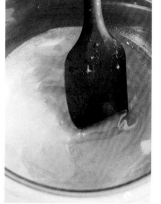

[6]

以偏弱的中火加熱，並使用耐熱橡皮刮刀，邊攪拌邊融化奶油與細砂糖。

※奶油一定要在煮沸前融化完成。若先達到煮沸狀態則會影響之後的水分。

■挑選方法

熟成且沉重的蘋果，果梗要是不夠粗大肯定無法支撐其重量，因此果梗扎實的蘋果，代表一定是熟成後才採收。此外，紅色底下的底色，自採收之後便不會改變，黃色比綠色底色的蘋果，顯示栽培期受到更充沛的日照。

[1]

以大量的清水清洗蘋果，再以餐巾紙擦拭。削皮後切除蘋果芯與籽，切成八等分的菱形後再片成3mm厚度的薄片。保留蘋果皮、芯、籽備用。

※切薄片有助於之後撒上細砂糖時，水分可以均勻的釋出。

[2]

秤量300g步驟[1]，放進料理鋼盆再加入A，並以橡皮刮刀從鋼盆底部翻起拌勻。

※必須確實秤量去除蘋果皮等多餘部分後的淨重，以調整細砂糖的用量。

※由於細砂糖容易沉澱於鋼盆底部，因此要從底部將細砂糖翻起，攪拌均勻讓細砂糖完全包覆蘋果。

[3]

覆蓋上保鮮膜，於室溫中放置3小時至出水。

※若放置超過指定時間可能導致過度出水，請注意。

紅玉蘋果醬

使用成色鮮豔的紅玉蘋果，製作成討喜的粉紅色果醬。

連皮煮會造成成品口感不佳，因此分開煮，僅抽取出美麗的色澤與香氣。

在填裝果肉入保存瓶後，再讓果汁滲透融合，著上鮮豔欲滴的色澤。

[材料]
100ml保存瓶4～5瓶的分量

蘋果（紅玉或富士）… 2～3顆
（淨重300g）

A 細砂糖 … 210g
　（蘋果重量〈淨重〉的70%）

　檸檬汁 … 15g

　義大利檸檬香甜酒
　Limoncello … 20g
　（若手邊沒有，可使用您所偏好的洋酒）

細砂糖 … 15g

保存參考

煮沸排氣後，可於陰暗處保存約6個月。開封後冷藏保存約10天。

68

[8]

將步驟[7]倒入鍋中，再以直立式電動攪拌棒打碎6～7成左右的果肉。

※與其將所有果肉絞碎，殘留部分果肉感較美味。

[4]

於小鍋中放入先前保留的蘋果皮、芯、籽及細砂糖並拌勻，於室溫中放置15分鐘至出水。

※先拌入細砂糖釋出水分後熬煮，所以不致煮爛。擠壓出汁液時也不會爛掉。

[9]

以大火加熱，一口氣煮至沸騰再撈去浮渣。

※溫度一口氣提高至沸騰可避免水果香氣流失，成色也較鮮艷。煮沸後氣泡會向上滿溢而出，請小心泡沫溢出鍋外。

※撈除浮渣可杜絕雜味，讓風味更爽口。

[5]

於步驟[4]加入50g的水（分量外），並以中火加熱。沸騰後轉小火，並蓋上鍋蓋續煮3～4分鐘。

[10]

以耐熱橡皮刮刀不時攪拌，熬煮3～4分鐘後熄火。

※泡沫會漸漸穩定變少，並出現黏性。加熱過程要小心鍋底燒焦，持續攪拌。

[6]

熬煮至整體汁液變紅，蘋果皮變軟後，即可使用木杓擠壓蘋果皮等，以幫助顏色釋放。

[11]

取1/2大匙的步驟[10]。先將量匙底部浸入冰水10秒，再將整個量匙沒入冰水中，透過急速冷卻的過程確認果醬熬煮程度。果醬若不馬上溶散於水中即完成。趁熱裝瓶。

※若將果醬整個浸入冰水中即溶散掉時，需再以大火熬煮1～2分鐘。

[7]

濾網襯上餐巾紙，倒入步驟[6]過篩。將材料用濕紙巾包裹住，再以湯匙擠壓汁液，倒入步驟[3]中。

[1]

縱切香草莢後翻開來，再以水果刀刀尖刮下香草籽。於鍋中加入鮮奶油、鮮奶、細砂糖、香草籽及香草莢，以中火加熱。

[2]

沸騰後轉成偏強的小火。以耐熱橡皮刮刀均勻零死角地慢慢攪拌，維持在咕嘟咕嘟沸騰狀態續煮20分鐘左右。

※以小火熬煮過程中，因沸騰會導致冒泡至淹沒鍋身的程度，請視情況一一調降火量或熄火，慢慢熬煮。

[3]

加入蜂蜜，續煮至沸騰。

※熬煮會導致色澤稍微變黃。最好要同時確認濃稠度與色澤。

[4]

取1/2大匙左右的步驟[3]。先將量匙底部浸入冰水10秒，再將整個量匙沒入冰水中，透過急速冷卻的過程確認牛奶醬熬煮程度。牛奶醬若不馬上溶散於水中即完成。趁熱裝瓶。

※若浸入冰水中即溶散掉時，需再以大火熬煮1～2分鐘。

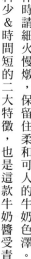
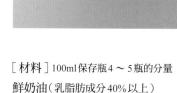

牛奶醬

蘊含香草香氣的馥郁風味，淺嚐一口幸福感油然而生。製作時請細火慢燉，保留住柔和可人的牛奶色澤。材料少＆時間短的二大特徵，也是這款牛奶醬受青睞的主因。

[材料] 100ml保存瓶4～5瓶的分量

鮮奶油（乳脂肪成分40%以上）
    … 200g

鮮奶 … 300g

細砂糖 … 150g

蜂蜜 … 30g

香草莢 … 1/4根

※請選擇乳脂肪成分40%以上的鮮奶油，若是剛好40%或以下，則需要更長的煮沸時間且口感較差。

保存參考

煮沸排氣後，可於陰暗處保存約6個月。開封後冷藏保存約10天。

榛果焦糖牛奶

堅果的口感與馨香一試成癮。
將牛奶醬稍微煮出焦香，更濃郁！

[材料] 100ml保存瓶4～5瓶的分量

鮮奶油(乳脂肪成分40%以上)…200g

鮮奶…300g

細砂糖…150g

楓糖漿…15g

榛果…50g

鹽…少許

保存參考

煮沸排氣後，可於陰暗處保存約6個月。
開封後冷藏保存約10天。

活用牛奶醬

薰衣草牛奶

凝聚奢華的香氣，放鬆舒服的美味，
毫不遜於商店架上的商品。

[材料] 100ml保存瓶4～5瓶的分量

鮮奶油(乳脂肪成分40%以上)…200g

鮮奶…300g

細砂糖…150g

蜂蜜…30g

薰衣草(乾燥)…2g

保存參考

煮沸排氣後，可於陰暗處保存約6個月。
開封後冷藏保存約10天。

[1]

將榛果攤開在舖有烘焙紙的烤盤上。於已預熱到攝氏150度的烤箱中烘烤12～15分鐘，出爐後直接放涼。以兩手搓掉榛果上的薄膜，再細切成4～5mm的粒狀。

[2]

於鍋中放入鮮奶油、鮮奶、細砂糖後以中火加熱。之後作法同奶油醬的步驟[2]～[4]。但步驟[2]要煮到轉為茶褐色，約熬煮15～25分鐘，另步驟[3]不使用蜂蜜，而改加入楓糖漿、榛果與鹽。

※焦糖牛奶要煮到焦糖化程度。由於水分蒸發得比牛奶醬更多，因此添加比蜂蜜更蘊含水分的楓糖漿。

[1]

於鍋中放入30g的水(分量外)，以中火加熱，煮沸後放入薰衣草。熄火並蓋上鍋蓋放置3分鐘。

※可以等量茶葉做變化。特別推薦薄荷、洋甘菊、紅茶等。

[2]

於步驟[1]中加入鮮奶油、鮮奶、細砂糖並以中火加熱。接下來作法與牛奶醬步驟[2]～[4]相同。

[1]

將紅豆泡入水中，挑掉浮起的紅豆。以水大致清洗後濾掉水分。

※於水中浮起的紅豆可能已遭受蟲害，因此請挑掉。一起熬煮可能會產生不好的味道。

[2]

將步驟[1]放入鍋中，加入600g的水（分量外）。以中火加熱，沸騰後再續煮2分鐘。待紅豆表皮出現皺痕即可熄火，並濾掉熬煮的汁液。

※由於未事先泡水，因此一熬煮便會有皺褶，可繼續料理並無影響。

[3]

沖水大致清洗步驟[2]，並再次濾掉水分。

※若已放置1～2年的紅豆，請再以相同步驟水煮一次。

[4]

將紅豆放回鍋中並加入1kg的水（分量外）以中火煮到沸騰。

[材料]100ml保存瓶4～5瓶的分量

紅豆（乾燥）… 250g

細砂糖 … 190g

黑糖 … 40g

蘭姆酒（若手邊沒有，可使用您所偏好的洋酒）… 15g

保存參考

煮沸排氣後，冷藏可保存約1個月。開封後約10天。

顆粒紅豆醬

加入了層次感豐富的香甜黑糖，與香氣芳醇的蘭姆酒，讓紅豆愛好者無從抵抗，忍不住想一做再做的一款抹醬。足以作為甜點享用，令人眉開眼笑的滿足感。

[9]

以偏強的小火加熱，使用耐熱橡皮刮刀持續攪拌以避免燒焦。

[5]

轉小火，維持在咕嘟咕嘟煮沸冒泡狀態的火量，熬煮40～60分鐘。中途需撈除浮渣，若水位低於紅豆時請適量加水。

※加水後請將火轉強待沸騰後才轉回小火。紅豆請熬煮至用筷子夾起即可夾碎程度的軟度。

[10]

請熬煮到以耐熱橡皮刮刀劃過鍋底，可以清楚看到鍋底的程度。

[6]

步驟[5]熄火並蓋上鍋蓋，放置約30分鐘後倒掉紅豆熬煮汁液。

為了融化下一個步驟的細砂糖，請勿將所有汁液倒掉，可保留一些。

[11]

加入黑糖與蘭姆酒。

※黑糖容易燒焦，加入後請不時攪拌。黑糖亦可以等量的黑糖蜜取代。

[7]

將步驟[6]以中火加熱，加入1/2量的細砂糖，並從鋼盆底部將整體翻起拌勻。沸騰後轉成偏強的小火，熬煮2～3分鐘後即可熄火。加入剩餘的細砂糖並從鋼盆底部將整體翻起拌勻。

[12]

轉中火，邊攪拌邊加熱至出現光澤，且紅豆看起來飽滿盈溢程度，約2～3分鐘。熄火並趁熱裝瓶。

※放涼後黏稠度會變高而稍微變硬，因此請趁熱裝瓶。

[8]

再將步驟[7]以直立式電動攪拌棒打碎一半左右的紅豆。

※與其將所有紅豆絞碎，殘留部分紅豆口感較美味。

※若操作到步驟[7]，不進行攪打，則可當作帶皮顆粒紅豆餡享用。

[1]

將白腎豆泡入水中，挑掉浮起的白腎豆。以水大致清洗後濾掉水分。

※於水中浮起的豆子可能已遭受蟲害，因此請挑掉。一起熬煮可能會產生不好的味道。

[2]

將步驟[1]泡入滿滿的水中6小時後濾掉水分。

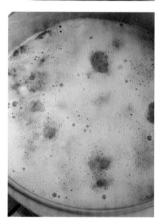

[3]

將步驟[1]放入鍋中，加入600g的水（分量外）。以中火加熱，沸騰後再續煮2分鐘，熄火並濾掉水分。

[4]

沖水大致清洗步驟[2]，並再次濾掉水分。

※若已放置1～2年的豆子，請再以相同步驟水煮一次。

[材料]100ml保存瓶4～5瓶的分量

白腎豆（白豆）（乾燥／若手邊沒有可使用一般白豆）… 250g

細砂糖 … 190g

蜂蜜 … 40g

香草莢 … 1/4根

保存參考

煮沸排氣後，冷藏可保存約1個月。
開封後約10天。

白豆沙醬

豆子單純樸實的滋味，與香草香甜風味出乎意料地合拍，放入口中瞬間沉浸在溫和舒服的美味當中。適合使用香氣不過度搶味的洋槐花蜂蜜。

[8]

再將步驟[7]以直立式電動攪拌棒打碎。

※若操作到步驟[7]後，不進行攪打，則可當作帶皮顆粒白豆餡享用。

[5]

將豆子放回鍋中並加入1kg的水（分量外）以中火煮到沸騰。轉小火，維持在咕嘟咕嘟煮沸冒泡狀態的火量至煮軟，熬煮30～40分鐘。中途需撈除浮渣，若水位低於豆子時請適量加水。

※加水後請將火轉強，待沸騰後才轉回小火。白腎豆請熬煮至用筷子夾起即可夾碎的軟度。

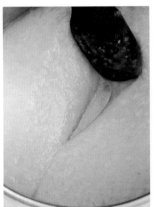

[9]

以偏強的小火加熱，使用耐熱橡皮刮刀持續攪拌以避免燒焦。請熬煮到以耐熱橡皮刮刀劃過鍋底，可以清楚看到鍋底的程度。

[6]

步驟[5]熄火並蓋上鍋蓋，放置約30分鐘後倒掉豆子熬煮汁液。

※為了融化下一個步驟的細砂糖，請勿將所有汁液倒掉，可保留一些。

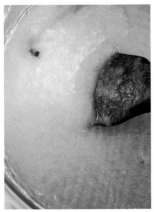

[10]

縱切香草莢並以刀尖刮出香草籽。加入蜂蜜、香草籽與豆莢。

※蜂蜜容易燒焦，加入後請不時攪拌。

[7]

將步驟[6]以中火加熱，加入1/2量的細砂糖，並從鋼盆底部將整體翻起拌勻。沸騰後轉成偏強的小火，熬煮2～3分鐘後即可熄火。加入剩餘的細砂糖並從鋼盆底部將整體翻起拌勻。

[11]

轉中火，邊攪拌邊加熱至出現光澤，且豆餡看起來充滿光澤，約2～3分鐘。熄火並趁熱裝瓶。

※放涼後黏稠度會變高而稍微變硬，因此請趁熱裝瓶。

果醬美味活用法

果醬不僅可用來塗抹麵包,在此為您介紹推薦的果醬活用法。
果醬不僅可以成為生活中理所當然的存在,
更可充實每天的餐桌。

做成三明治

麵包的鹽分出人意料地多,
所以果醬分量若太少風味便會失焦。
兩片吐司塗上 2 大匙果醬,
可讓風味鮮明好吃。

做成雪酪

果醬吃掉 6 成左右後,
即可在保存瓶裡加水或優格攪拌。
蓋上蓋子放進冷凍庫冷凍,
即完成簡易雪酪。

做成沙拉醬

拌勻2大匙果醬、1/6顆洋蔥泥、1大匙醋、少許鹽、1大匙橄欖油,即是速成沙拉醬。瀰漫果香的滋味,特別適合風味濃厚的食材。

做成酸甜醋拌料理

1大匙果醬中拌入1又1/2大匙醋,與已抓過鹽巴並濾乾水分的蔬菜拌合。建議選用高麗菜、白蘿蔔、白菜、蕪菁等,沒有特殊味道的蔬菜。

將做好的果醬填裝成 2 層

草莓醬＋香蕉醬

2款皆帶著奢華絢麗風格，卻有著南轅北轍的色調，搭配後的風味與後韻也截然不同。夾入簡單的餅乾內，讓區區的果醬夾心餅乾，簡直彷彿頓時變身為甜點店等級甜品！可以品嚐到複雜多樣化的美好滋味。

杏桃醬＋牛奶醬

杏桃果醬特徵是令人精神為之一振的酸味、與個性十足的香氣，搭配上帶著柔和甜美滋味的牛奶醬。風味兩極的果醬組合，反而能互相襯托出彼此的風味，使滋味更為溫和親人。牛奶醬特別適合與帶酸味、苦味與香氣強烈的果醬相搭配。

檸檬凝乳＋柑橘果醬

柑橘愛好者無從抵抗的組合。綿密的檸檬凝乳中加入口感十足的柑橘果醬，讓人擁有滿滿一口柑橘的極致美味。搭配上質地堅硬的起司，或用來夾入魚貝類三明治，都是絕佳點綴。

栗子醬＋藍莓醬

圓潤風味的栗子醬與藍莓的組合，在海外是經典款，在甜點菜單中經常可見。比起完全拌勻享用，混著搭配更好吃。同樣風格的滋味組合，經典花生醬與藍莓醬的搭配也值得推薦。

樂玩果醬

搭配2種果醬做成雙層、加入香草、香料或茶葉的香氣等，讓果醬持續進化，更加美味。不妨試著找出個人專屬的特別組合！

為做好的果醬添香

奇異果醬＋百里香

奇異果加熱後會凸顯出帶刺激性的香氣，所以在裝瓶後添加新鮮的百里香，除了可保留住奢華感外，更襯托出高尚的沉靜風味。此外，在果醬中添加香草後，更適合用來搭佐肉類料理，或拌入醋做成醬汁等，與料理搭配。百里香還適合用來搭配大黃、杏桃、水蜜桃、檸檬凝乳等。

紅玉蘋果醬＋紅茶

蘋果醬華麗柔和的香氣與紅茶是絕配。茶葉可依個人喜好香氣任意挑選，但若茶葉葉片過大，將無法在果醬中伸展而難以釋出香氣。茶葉請使用研磨缽磨碎，或茶包。熬煮時加入會使苦味釋出，因此於煮完後加入稍微攪拌即可。紅茶風味特別適合芒果、水蜜桃、紅柿等。

無花果醬＋肉桂

無花果要做成果醬香味才會突出，呈現出風味的輪廓。但同時也可能會凸顯出不協調的澀味，因此添加香料，變身為複雜的大人風味。若想強調肉桂，可在熬煮時加入，但若希望僅僅帶著清香程度，則可在煮完後添加。肉桂也適合用於莓果類、黃梅、南瓜、柑橘、蘋果、牛奶、豆沙醬等。

鳳梨醬＋甜羅勒

在帶著南國酸甜香氣的鳳梨中，加入甜羅勒或薄荷葉。特別是將熟成的鳳梨做成果醬，偶會有黏膩感，不妨試著熬煮完後加入一些切成細絲的香草。甜味後伴隨而來的清新香氣，讓人百吃不膩。甜羅勒與薄荷用於芒果、夏威夷風百香果奶油醬、南瓜、香蕉、蘋果等也很適合。

※添加香料的果醬在製作完成2週左右為最佳享用時機。若長期保存，香草、香料與茶葉的氣味，恐將強過水果風味。

EASY COOK

果豐美醬：極品果醬與鹹味常備醬

作者　ムラヨシマサユキ

翻譯　王雪雯

出版者 / 大境文化事業有限公司　T.K. Publishing Co.

發行人　趙天德

總編輯　車東蔚

文案編輯　編輯部

美術編輯　R.C. Work Shop

台北市雨聲街77號1樓

TEL：(02)2838-7996　　FAX：(02)2836-0028

法律顧問　劉陽明律師　名陽法律事務所

初版日期　2019年9月

定價　新台幣 320元

ISBN-13：9789869620581　　書　號　E114

讀者專線　(02)2836-0069

www.ecook.com.tw

E-mail　service@ecook.com.tw

劃撥帳號　19260956 大境文化事業有限公司

MURAYOSHI MASAYUKI NO JYAMU NO HON
© MURAYOSHI MASAYUKI 2019
Originally published in Japan in 2019 by SHUFU TO SEIKATSU SHA CO., LTD., TOKYO.
Chinese translation rights arranged through TOHAN CORPORATION, TOKYO.

果豐美醬：極品果醬與鹹味常備醬
ムラヨシマサユキ 著
初版. 臺北市：大境文化
2019　80面；19×26公分
（EASY COOK系列；114）
ISBN-13：9789869620581
1.果醬　2.調味品　3.食譜
427.61　　　108012828

STAFF

攝影／福尾美雪
設計／橋朱里、菅谷真理子（マルサンカク）
造型／中里真理子
採訪・文／中田裕子
料理助手／鈴木萌夏
校閱／滄流社
編輯／上野まどか